Erich G. Hilgert

Es geht auch anders

… mit Respekt und Achtung auf Augenhöhe

Erich G. Hilgert

Es geht auch anders

... mit Respekt und Achtung auf Augenhöhe

Rediroma-Verlag

Bibliografische Information der Deutschen Nationalbibliothek:
Die Deutsche Nationalbibliothek verzeichnet diese Publikation in der Deutschen Nationalbibliografie; detaillierte bibliografische Daten sind im Internet über http://dnb.ddb.de abrufbar.

ISBN 978-3-96103-295-2

www.rediroma-verlag.de
8,95 Euro (D)

Vorwort

Dieses Buch schildert Erfahrungen, die ich in meinem Leben und Berufsleben machte. Höhen und Tiefen meines Werdeganges als Seiteneinsteiger in die Führungsebene, mit einem ganz normalen, damals üblichen Volksschul- und Berufsschulabschluss der fünfziger Jahre.
Biografische oder autobiografische Darstellungen werden in diesem Buch nicht ausführlich dargestellt. Sie werden hin und wieder passend eingeflochten.

Zu dieser Zeit waren „Soziale Kompetenz“ beziehungsweise ein „intaktes“ “soziales Umfeld“ nicht nur Worte. Nein, diese Begriffe wurden gelebt und das spiegelte sich auch in der Führungsebene der meisten Unternehmen wieder, in denen ich beschäftigt war.

Heute dagegen, durch die Schnelllebigkeit unserer Zeit und des grenzenlosen Fortschrittes, das Trachten nach dem Mehr, besser zu sein als der Andere; und die damit sich eingeschlichene Missgunst der Herrschenden, immer daran gelegen ihre Macht schamlos auszunutzen.
Ihre Profitgier und Maßlosigkeit sind bezeichnend und tragen maßgeblich zur wirtschaftlichen Situation bei.

Werte wie Achtung, Respekt, Toleranz, Vertrauen, Loyalität auf Gegenseitigkeit, haben für gewisse Gesellschaftsschichten keine Bedeutung mehr.
Dies führt dazu, dass den Menschen, die ihnen zu all dem Wohlstand und Ansehen in unserer Gesellschaft verhalfen, die Selbstachtung und das Selbstwertgefühl systematisch genommen und zerstört wurden.

In der Folge des Buches werde ich versuchen zu jedem Buchstaben des Alphabetes meine Erfahrungen zu schildern; unter Berücksichtigung der beispielhaft vorgenannten Begriffe, die mir als **"Goldene Regeln" richtungsweisend** waren.

Im Ergebnis bin ich davon überzeugt, dass sich unsere Gesellschaft zur
„elitären Inzucht" oder gar zu „elitären Versagern" entwickelt.

Hinweis:
Alle in Kursivschrift gesetzten Texte sind Texte bzw. Textausschnitte anderer Autoren, Zitate, Aphorismen oder Auszüge aus anderen bekannten bzw. unbekannten Quellen.

Inhaltsverzeichnis

" A "

Anstand
Achtung
Akzeptanz

Von Anstand, Akzeptanz und gegenseitiger Achtung war mein soziales Umfeld, damit meine ich, der Umgang miteinander innerhalb der Familie, maßgeblich beeinflusst.
Als zweites Kind einer bürgerlichen Landwirtsfamilie wurde ich im Mai 1944 geboren.
Bereits mit f ü n f Jahren (1949) besuchte ich die Volksschule, was für die damalige Zeit normal war; und wurde aus der selbigen, 1957 mit 13 Jahren entlassen.
Als der männliche Nachkomme glaubte man Hoffnung darauf setzen zu können, dass ich einmal den Hof übernehme.
Obwohl ich die weiterführende Berufsschule als Bester absolvierte, gingen meine Interessen in eine ganz andere Richtung.
Innerhalb weniger Jahre schrumpfte meine siebenköpfige Familie durch Tod, Heirat und vieler anderer Beweggründe auf gerademal zwei Personen, meine Mutter und mich.
Nun war die Zeit für mich gekommen, nachdem wir den Hof verpachteten und später im Rahmen einer Erbauseinandersetzung, mich neu zu orientieren. Zu diesem Zeitpunkt war ich 19 Jahre.
Da ich schon sehr früh gelernt hatte selbständig und verantwortlich zu handeln, war die damalige Wehrpflicht nichts, was mich hätte reizen können.

So nutzte ich die Gelegenheit, in der Übergangsphase meiner Neuorientierung, als einziger männlicher Nachkomme, mich von dieser Wehrpflicht zu drücken.
Nämlich dadurch, dass ich vorgab, den Hof weiterführen zu müssen, was zur damaligen Zeit durchaus möglich war und auch von vielen anderen so gehandhabt wurde.
So entschied ich mich später für eine andere Art von Abhängigkeit.
Ich bewarb mich erfolgreich in den Polizeidienst.
Doch geprägt von meinem Elternhaus, eigenverantwortlich, zielgerichtet und selbständig zu denken und zu handeln, erkannte ich sehr schnell, dass ich nicht die richtige Entscheidung getroffen hatte. Dies führte letztendlich dazu, dass ich resignierte, mich abwand und schlussendlich die Ausbildung nicht zu Ende machte.
Ich hatte den Eindruck, dass hier etwas geschah, was nichts mehr mit meinen Ansichten von gegenseitiger Achtung als auch Selbstachtung zu tun hatte.
Du hattest nur zu gehorchen und auszuführen!-; und so entwickelte sich eine innere Abkehr und Abstand zu meiner getroffenen Entscheidung.
Ich merkte, dass ich meine Selbstachtung verlor und alles das was ich von zu Hause mit in die Wiege bekam.
Alle Alarmzeichen gingen an und ich schaffte den Absprung einen Neuanfang zu wagen, was mich an den Anfang neuer Ideen brachte.
Zwischenzeitlich war ich verheiratet. Die Ehe sollte keine Zukunft haben. Sie scheiterte nach einigen Jahren.
Eine zwischenzeitliche längere Partnerschaft konnte meinen beruflichen Interessen und Neigungen ebenfalls nicht gerecht werden.

Zu einem viel späteren Zeitpunkt (1997) heiratete ich meine heutige Frau, mit der ich auch noch bis heute verheiratet bin. Ein Mensch, der so ganz auf meiner Wellenlänge ist.

In unmittelbarer Nähe meines Geburtsortes gab es einen amerikanischen Militärflughafen. Dort begann ein Neuanfang.

Versuche stets der Spiegel deines Selbst zu sein, um nicht Gefahr zu laufen, die Achtung vor dir selber und damit auch vor Anderen zu verlieren.

Das hatte ich mir vorgenommen.

" B "

Bildungsdrang, Beherrschung, Beistand

und die Bereitschaft sich für Andere einzusetzen, auch dann, wenn es einem persönlich selbst, in dem Moment, nichts nützte.
Ich lernte die englische Sprache in verhältnismäßig kurzer Zeit; denn ich wollte meinen neuen Arbeitgeber verstehen.
So schaffte ich es in kurzer Zeit mich in die Rechnungsabteilung des Hauptquartiers hoch zu arbeiten.
Da ich ein immer begeisterungsfähiger Mensch war und auch heute noch bin, nach Neuem strebend, sich für Andere einsetzend, befasste ich mich hobbymäßig mit einschlägiger Rechtsmaterie.
Was mich von nun an auch nicht mehr los ließ.
So kam es wie es kommen musste, ich machte mich für die Interessenvertretung deutscher Mitarbeiter bei den Streitkräften stark; mit der Folge, dass sehr bald, die zuständige Gewerkschaft auf mich aufmerksam wurde.
Dies hatte zur Folge, dass ich hauptamtlich dort als Gewerkschaftssekretär zu arbeiten begann.

Ich war davon überzeugt, einen ersten Schritt in die richtig Richtung gemacht zu haben.

Hochmotiviert setzte ich mich für Menschen ein, die nicht in der Lage waren, auftretende Probleme am Arbeitsplatz selber zu bewältigen.

Manchmal weil sie es von der Thematik her nicht konnten und zum andern auch dem Druck durch Dritte nicht gewachsen waren.
Diesen mir immer wieder neu gestellten Aufgaben, während meiner dortigen zehnjährigen Zeit, gaben mir das Gefühl etwas Gutes für Menschen zu tun, die auch manchmal etwas anders waren, " aber nicht weniger " als ich selber.
Doch auch hier überkamen mich nach und nach Zweifel.
Unternehmensinterne Info-Zeitschriften, verglichen mit der Realität, dem alltäglichen Leben, den Problemen und Ängsten, standen oft im Widerspruch.
Jeder Mensch hat Bedürfnisse, die er auch leben möchte; indem er versucht sich Ziele zu setzen, sie zu erreichen durch das Einbringen seiner ganzen Persönlichkeit.

Die Maslow`sche Bedürfnispyramide

Der amerikanische Psychologe Abraham Maslow erforschte das Leben erfolgreicher und glücklicher Menschen. Er entdeckte, dass die menschlichen Bedürfnisse nach einer bestimmten Rangordnung eingeteilt werden können.
Alle Bedürfnisse zusammen kann man sich als Stufen einer Pyramide vorstellen. Die einzelnen Stufen zeigen die menschlichen Bedürfnisse. Sie bauen aufeinander auf. Jeder Mensch versucht zuerst die Bedürfnisse der niedrigeren Stufen zu befriedigen, bevor er zur nächsten übergeht. Diese wird erst erklommen, wenn die tiefer gelegene ihm keine Schwierigkeiten mehr macht.

Dieses Modell, die sogenannte Maslow`sche Bedürfnispyramide, ist psychologisches Basiswissen und wird verwendet, um gezielt zu motivieren, um sich die Beweggründe des *zielorientierten Handelns zu vergegenwärtigen und diese grob einzuordnen.*

Bedürfnispyramide nach Maslow

Die einzelnen Stufen bedeuten:
Körperliche Grundbedürfnisse (Essen, Trinken, Schlafen, Sexualität, ...)
Sicherheit (Sicherer Arbeitsplatz, „ein Dach über dem Kopf haben“, ...)
Soziale Beziehungen (Partnerschaft, Familie, Freundeskreis, ...)
Soziale Anerkennung (Karriere, Status, Macht, ...)
Selbstverwirklichung (Entfaltung der Talente, Gerechtigkeit, ...)
Im Verlauf meines beruflichen Aufstieges kam es meinerseits sehr oft zu Zweifeln. Ich zweifelte nicht an dem was ich tat oder noch alles tun wollte. Ich zweifelte an den Menschen um mich herum, den Kolleginnen und Kollegen, die ganz anders tickten als ich; oder tickte ich nur anders?

Sie waren obrigkeitshörig, hielten sich kompromisslos an Regeln, die von der Organisation vorgegeben wurden; und warum?-, um jeden Preis Karriere zu machen!
Sie waren von einem sehr starken Sicherheitsbedürfnis geprägt.
Das war dann doch gar nicht so meine Welt, denn ich hatte bereits nach einigen Jahren den Stempel als aufmüpfiger, nur schwer lenkbarer, nicht unterwürfiger Mitarbeiter.
So kam es auch öfters zu massiven Auseinandersetzungen mit Vorgesetzten.

Der Umgangston verlief immer auf der "DU-Ebene" und daher auch sehr rau und oft beleidigend und respektlos.
Es war innerhalb der Organisation ein ständiges Machtgerangel, was das Personalkarussell stets am Laufen hielt.

Die Grundbedürfnisse waren aufgrund guter Entlohnung gesichert.
Die Sicherheit war doch sehr relativ.
Soziale Beziehungen waren kaum möglich, weil sehr viel abverlangt wurde.
Um soziale und berufliche Anerkennung musste gekämpft werden, es war ein Kampf gegen Windmühlenflügel.

Sich selbst zu verwirklichen war nur dann möglich, -wenn überhaupt-, wenn man im Strom mitschwamm.
Nur tote Fische schwimmen mit dem Strom.
Auch ich hatte den Vorsatz aus meinem Leben mehr zu machen, aber nicht um jeden Preis.

Nach und nach kamen mir Zweifel. Denn ich kann nicht Wasser predigen und selbst Sekt trinken. Die Glaubwürdigkeit dieser Organisation hatte bei mir Schaden genommen; insbesondere in dem Moment der "Neuen-Heimat-Affäre". In wie weit in diesem Zusammenhang alles mit rechten Dingen zuging, vermag ich nicht nachzuvollziehen. Ich hatte allerdings erhebliche Zweifel an dem gesamten Verlauf der Dinge. Ich selber fühlte mich durch diese Organisation, an die ich mal glaubte, verraten.

Der damalige unmittelbare Vorgesetzte hatte das Talent Massen zu begeistern, was leichter ist als einzelne Personen zu überzeugen. Merkte er dies, reagierte er mit Droh-

gebärden, was sehr oft personelle Konsequenzen zur Folge hatte.
Doch ich gab mich nicht auf. Ich wollte nicht den gehorsamen Erfolg um jeden Preis. Meine Bescheidenheit, Beharrlichkeit und Aufrichtigkeit ließ ich mir von niemandem nehmen, denn ich wollte immer noch in den Spiegel sehen können.

Durch Bescheidenheit kannst Du beschämen, durch Beständigkeit bestehen.
Ich bestand!
Denn:
Wer an die Quelle will, muss gegen den Strom schwimmen.

" C "

Chef - Typen

Chefs ticken anders!

Der „Allen-Wohl und Niemand Weh-Typ“.

Es gibt keinen reinen Chef-Typ, auf den man sich von Anbeginn einstellen kann.
Er ist in erster Linie dem Unternehmen verpflichtet, selbstverliebt und dann kommen die Anderen.

Als Mitarbeiter macht man immer einen Drahtseilakt, wenn man glaubt, seinen Chef zu kennen. In Wirklichkeit versucht man sich seinen Gepflogenheiten anzupassen um das Beste daraus zu machen.
Er versammelt seine Schäfchen wohlbehütet um sich. So kann er sie studieren und manipulieren, ohne dass es bemerkt wird. Denn alles was man nicht bemerkt, darauf kann man auch nicht reagieren.
Er wird es immer vermeiden, dass sich ein Wolf in seiner Herde breit macht.
Protektionismus wird bei ihm groß geschrieben. Sie müssen in seinem Sinne funktionieren. Er wird dies niemals zugeben. Er bevorzugt einige Mitarbeiter die er dann auch stets um sich schart.
Er reagiert ungerecht, wenn es einer versuchen sollte diese Herde zu sprengen. Er reagiert ignorant und wird aggressiv. Dabei hängt er sich weit aus dem Fenster und versucht durch seine übertrieben emotionale Haltung seine Leithammelposition "Macht“ zu unterstreichen.

Kritischen Mitarbeitern und Querdenkern gibt er zwar das Gefühl dazuzugehören, aber im Grunde lehnt er sie ab, denn sie könnten sein Machtspektrum in Frage stellen. Sie werden niemals in den Kreis der Lieblinge gehören, auch dann nicht, wenn er versucht glauben zu machen, sie seien für ihn wertvolle Mitarbeiter.

Nach dem Prinzip jeder soll eine eigene Meinung haben, so lange es die SEINE ist.
Dieser Chef -Typ, ist misstrauisch gegen jeden und alles. Er versucht die Beziehung zu den Seinen als humanitären Führungsstil zu verkaufen. In Wirklichkeit sind sie ihm ausnahmslos alle egal und lästig. Denn für ihn zählen nur Ergebnis und der Erfolg, den er dann auf sein Konto verbucht.

Denn JASAGER sind bequem zu führen, aber für das Unternehmen unproduktiv.

Dieser Typ Chef lebt danach:

Ich liebe den Verrat, aber hasse den Verräter".
(Ein Zitat von Gaius Julius Cäsar)

Also ein Chef-Typ, der mit Vorsicht zu genießen ist und bei dem man am besten bei der SIE-Variante bleibt und ihn sich nach Möglichkeit auf Distanz hält.

Er wird übergeordnete Vorgaben bedingungslos umsetzen, denn letztendlich und nur, geht es um das Unternehmen und seine Existenz. Mitstreiter sind für ihn eine lästige

Begleiterscheinung, auf die er am liebsten verzichten möchte.
Aber das geht nicht, denn was nützt dich ein Häuptling ohne Soldaten.

Der Macher- oder Managertyp.

Ihm sind gewisse Unternehmenszweige zugeordnet.
Umfangreiche Produktkenntnisse stehen bei ihm an zweiter Stelle. Er hat seinen Unternehmenszweig gut strukturiert und weiss daher sehr genau wen er wann, wo und wie effizient einsetzen kann und muss. Er ist in der Lage, die Mitarbeiter zu einem Team zusammenzuführen, Konkurrenzdenken weitgehend auszuschalten und unmissverständlich zu übermitteln, dass jeder Einzelne in seinem Bereich gut ist, aber alle zusammen nur den Erfolg eines Unternehmens ausmachen.
Er baut zu den verantwortlichen Mitarbeitern ein gewisses Vertrauensverhältnis auf. So schafft er sich eine Schaltzentrale, die nur er beherrscht.
Dieser Typ ist nur gegen Gleichwertige oder Bessere ersetzbar. Er geht dann wenn er es für richtig hält und macht das, was er für richtig hält. Ein Typ Mensch, der sich auch gerne in die Arbeitsabläufe seiner Mitarbeiter einmischt; womit er aber oft den reibungslosen Verlauf erheblich stört.
Man vertraut ihm!

Der vorgenannte Chef-Typ, der „Allen-Wohl und Niemand-Weh-Typ“, pflegt seine Kuschelgruppe in dem er eher den Wohltäter und Vater-Typ vermittelt.

Als Chef sollte er über eine sehr hohe soziale und persönliche Kompetenz verfügen. Denn Führen bedeutet auch Verantwortung für seine Mitarbeiter übernehmen. Er muss Entscheidungen treffen können auch wenn sie mal unpopulär sind; ohne sich in diesem Moment in längere Erklärungsversuche zu verzetteln.
Nur klare Anweisungen und nachvollziehbare Entscheidungen werden widerspruchslos zum Wohle des Unternehmens und somit auch im Einklang mit den Mitarbeiten umgesetzt.

Mitarbeiter, die mit Freude zur Arbeit gehen:

- identifizieren sich auch mit ihrer Arbeit,
- bringen den größtmöglichen Einsatz,
- sind zuverlässig,
- haben eine sehr geringe Fehlerquote
- und haben ein sehr ausgeprägtes Verständnis, was die Loyalität zum Unternehmen und seinen Vorgesetzten betrifft.

Loyalität gibt es aber nicht um jeden Preis, insbesondere nicht bei kritischen Mitarbeitern. Loyalität ist keine Einbahnstraße; auch der Chef, gleichwohl welchen Typs, muss die ihm entgegengebrachte Loyalität erwidern.

Dann gibt es den Chef-Typ dem alles egal ist, nur er sich selber nicht.
Das ist ein Typ Mensch, dem man am besten nicht begegnet. Ihn interessieren nur Ergebnisse erwirtschaftet auf Kosten anderer; also Profitstreben:

- durch Kosteneinsparung (Betriebskosten)

- Personalkosten (Personalabbau)
- Kürzung von Geldleistungen (Weihnachtsgeld, Urlaubsgeld, Leistungszulagen usw.)
- bei gleichzeitigem Leistungsdruck in kürzeren Zeitintervallen

Diesem Typ Chef oder Manager ist letztendlich das Unternehmen als auch die Mitarbeiter egal. Hauptsache er ist von sich überzeugt, dass er und nur er das Richtige tut.
Eine Kategorie Mensch, die bereits von Hause aus von ihren Vätern schon sehr früh vermittelt bekamen, dass jedes Mittel recht sei, schnell zu Vermögen und Ansehen zu gelangen.
Dabei meinten die Väter:

- investieren
- Aufbau neuer Unternehmen
- Kreativität und Erforschung neuer Wege

aber nicht um jeden Preis.
Die Söhne hingegen sehen nur den schnellen Reichtum. Der Weg dorthin ist ihnen egal. Er ist geprägt von:

- Gewinnsucht
- Neid
- Habgier
- Maßlosigkeit

Dieser Chef-Typ versteht dann später nicht, dass auch er überflüssig geworden ist. Er hat bei all seiner Habgier übersehen, dass er auf dem Weg war sich selber zu vernichten; weil es für ihn immer nur dem momentanen Erfolg gab, der zählte.

Gespür für:

- Charakter
- Anstand
- Gewissen
- Verantwortung
- Anerkennung
- Menschlichkeit

gegenüber seiner Mitmenschen geht ihm verloren; oder war es erst gar nicht vorhanden!?
Eine Kategorie Mensch, an denen die Wirtschaft zerbricht (Bankenpleiten 2010), an denen Menschen zerbrechen und in den sozialen Ruin getrieben werden.
Die Folge, eine immer kränker werdende Gesellschaft, für die im Grunde nur wenige verantwortlich sind und die Verantwortung tragen müssten. Nein man entzieht sich der Verantwortung, wie auch immer, am besten durch **Suizid**, damit das Risiko der Wiederholung so gering wie möglich gehalten wird.
Ein ähnlicher Chef-Typ, aus der zweiten Reihe, war die Folge der Arbeitslosigkeit meiner Frau. Es begann mit durch nichts beweisbare Unterstellungen und Anschuldigungen.
Mobbing auf oberstem Niveau.
Sie war Seiteneinsteigerin, so wie ich, mit einer ganz normalen Schulbildung und einem abgeschlossenen handwerklichen Beruf. Dies alleine war schon Grund genug, missgünstige Blicke zu ernten und Neidkomplexe aufkommen zu lassen. Denn sie war bereits in den Anfängen der Unternehmensgründung maßgeblich mit beteiligt.
Dies zahlte sich auch in barer Münze aus.

Bereits davor hat sie Erfahrungen sammeln können in anderen vergleichbaren Unternehmen.

Der Chef und sie waren wie ein altes Ehepaar.
Beide wussten wie der Andere wann und warum so und nicht anders tickt. Eine Konstellation wie sie besser nicht sein konnte.

Er, der normalerweise all dies hätte unterbinden können; ihn hatte man amputiert, durch die Vorschaltung eines nur der Muttergesellschaft Verantwortlichen.
Heute glaube ich, dass man ihn Kraft Geschäftsordnung so beschnitten hat, dass er keine weitergreifende Entscheidungen alleine mehr treffen konnte.
Vielleicht war dies auch das Resultat seines unverhältnismäßigen und maßlosen Lebenswandels, der der Muttergesellschaft ebenfalls nicht verborgen blieb.
Vielleicht war dies ein Zeichen von Ohnmacht, Enttäuschung und letztendlich Selbstaufgabe.

Ich beurteile dies deshalb so kritisch, weil auch ich in diesem Unternehmen als Ruheständler einer Nebentätigkeit nachging.
Ich war so der Mann für alle Fälle.
Einfache Bürotätigkeiten, für den Chef Erledigungen machen, in der Auftragsbearbeitung unterstützende Tätigkeiten erledigen und auch bei Messen wurde ich entsprechend mit eingesetzt.
Das ganze konnte ich mit einer gewissen Gelassenheit angehen. Denn ich hatte die Möglichkeit ohne Existenzängste zu haben, jederzeit aufzuhören.

Dies geschah dann auch nach etwa 5 Jahren. Etwas später kam es dann in diesem Unternehmen zu massiven Umstrukturierungen mit personellen Konsequenzen.

Vorausschauend wie ich war, mit dem Wissen, dass dieses Unternehmen an die Börse wollte,
machte ich bereits zwei Jahre davor meine Frau darauf aufmerksam, mit den damit verbundenen später eingetretenen Folgen.

Der Gründer-Typ

Ein Chef-Typ, der tief mit dem Unternehmen verwurzelt ist.

- Er leistet Pionierarbeit.
- Er hat das Unternehmen mit aufgebaut.
- Er weiß was wo warum und wann geschieht und zu geschehen hat.
- Er kann mit anpacken.
- Er kennt das Unternehmen mit all seinen Stärken und Schwächen.

Das ist der Chef, der seinen Mitarbeitern vertraut, sie fördert und fordert.
Ein Chef-Typ der bei all seinen Erfolgen Mensch geblieben ist, der den Kontakt soweit wie möglich zu seinen Mitarbeiter pflegt, ein Vertrauens-verhältnis aufbaut.
Er hält Rücksprache mit seinen Mitarbeitern wenn er Veränderungen in Erwägung zieht und nimmt deren Anregungen ernst. Er versucht gemeinsam die Veränderungen umzusetzen.

Durch dieses Verhalten und praktizierten Führungsstil ist eine bedingungslose Loyalität zum Chef und somit zum Unternehmen nicht selten die Folge.

Der Mitarbeiter und das Unternehmen sind eine Einheit. Hier ist der Mitarbeiter auch gewillt, sollte es mal betriebliche Engpässe geben, diese auch im Rahmen seiner Möglichkeiten mitzutragen.
Ein ganz persönlicher Nachteil dieses Chef-Typs ist: " Sie können nicht loslassen von ihrem Erschaffenen, sie bleiben oft so lange bis ihre Mitarbeiter sie auf dem letzten Weg begleiten".
Eine ehrenwerte Einstellung dieses Typs, aber er hat bei all seinem Schaffen versäumt, einem adäquaten Nachfolger die Chance zu geben; und das ist nicht selten das Ende einer wunderschönen Unternehmerlaufbahn.

Der Katastrophen-Chef-Typ
Der General-Typ
Der General als Chef-Typ kommt normalerweise, wenn es brennt. Wenn ein Unternehmen in eine kritische Situation geraten ist, wird er gerufen. Er ist dann der unumschränkte Führer des Unternehmens und ist dabei spezialisiert auf bestimmte Tätigkeiten. Er kann viel, weiß viel und seine Mitarbeiter haben z.T. Vertrauen zu ihm, aber er entscheidet alles selbst. Er entscheidet schnell und duldet keinen Widerspruch.
Er trifft als Unternehmensführer notwendige unangenehme Entscheidungen und bleibt bis zum Sieg oder bis zur Niederlage. Erfahrung ist eine wichtige Voraussetzung für einen General, denn schnelle Entscheidungen müssen oft

ohne eine Analyse nur aufgrund von Erfahrung getroffen werden. Es ist manchmal wie auch auf Kriegsschauplätzen, manche Generäle haben mehr Glück als andere. Er kann durch einen anderen General ersetzt werden, denn er kann auf verschiedenen ähnlichen Schauplätzen agieren.

Der Vater- / Mutter-Chef-Typ

Hier kann man kurz gefasst sagen, das ist ein Chef-Typ mit einem sehr starken Harmoniebedürfnis. Er lässt sich von seinem Bauchgefühl leiten und weniger von nüchternen Zahlen und Statistiken.
Er gehört in die untere bis maximal mittlere Führungsebene, aber niemals in ein primär gewinnorientiertes Unternehmen.
Allerdings, die sehr stark ausgeprägte soziale und persönliche Kompetenz kämen den vorgenannten Chef-Typen manchmal zugute, in ihren Entscheidungen.
Das Mitarbeiterverständnis für unpopuläre Entscheidungen könnte leichter gewonnen werden.
Zusammenfassung

Niemals werden wir die vorgenannten Chef-Charaktere in genau dieser Form wiederfinden.
Wenn Führungskräfte ein Unternehmen langfristig voranbringen wollen, dann denke ich, bedarf es von allem der fachlichen, persönlichen und sozialen Kompetenz.
Der Idealzustand wäre, wenn bei all dem die Verantwortung für die Mitarbeiter in einem gesunden Verhältnis zur Verantwortung gegenüber dem Unternehmen stünde.
Eine letzte Frage zu diesem Abschnitt:
Und wie viel dieser Typen steckt in dir selbst?

" D "

Ein einfacher Buchstabe, ein einfaches und doch so bedeutungsvolles Wort steckt dahinter.

DANKESCHÖN

Nicht nur die Folge für eine vorausgegangene erfüllte Bitte.
Nein, viel mehr !
Respekt vor dem Tun und Handeln des Anderen.
Vor allem Respekt vor dem Anderen und Respekt vor dem, was geleistet wurde.
DANKE und BITTE, das sind zwei Worte, die in meinem Sprachschatz ganz oben standen und immer noch stehen. Deshalb war ich niemals unterwürfig oder stromlinienförmig, so wie mich meine Chefs vielleicht gerne gehabt hätten.
Dies machte meine Ziele zu erreichen nicht immer leicht.
Aber, mit meiner Führungsaufgabe übernahm ich Verantwortung für die Menschen, über die ich in der Endkonsequenz auch zu entscheiden hatte.
Warum tun wir uns so schwer mit Höflichkeitsformen? Haben wir Angst, dass dies uns als schwach und unterwürfig hinstellt, wenn wir nicht einfach fordern oder gar uns einfach die Dinge nehmen, ohne Rücksicht auf unsere Umwelt und Mitmenschen. Ist das Gespür in dieser rücksichtslosen Leistungsgesellschaft für Anstand und Moral verloren gegangen?
Offensichtlich!

Der Drang nach mehr, besser sein zu wollen als der Andere, hat uns verändert, verroht und abgestumpft mit anderen zu empfinden.
Hauptsache Ich habe, Ich überlebe, Ich bin Erfolgreich, Ich habe Macht.
Das „ICH“ ist als ein Unwort ganz oben anzusiedeln.
Bei dieser Grundeinstellung vieler Menschen wünsche ich mir die Legende des Damoklesschwertes. Denn ob Damokles tatsächlich lebte, ist nicht tatsächlich gesichert.

Die Legende besagt, dass er ein Günstling des Tyrannen Dionysios des I. oder Dionysios des II. gewesen sein soll. Er wird als Günstling und Höfling beschrieben, der mit seinem Leben unzufrieden war.

Er beneidete den Tyrannen um dessen Macht und Reichtum und hob in seinen Schmeicheleien stets deren Vorzüge hervor. Dionysios beschloss daher, Damokles anhand des sprichwörtlichen Damoklesschwerts die Vergänglichkeit, vor allem die seiner Position, zu verdeutlichen. Der Herrscher lud Damokles zu einem Festmahl ein und bot ihm an, an der königlichen Tafel sitzen zu dürfen. Zuvor ließ er jedoch über Damokles' Platz ein großes Schwert aufhängen, das lediglich von einem Rosshaar gehalten wurde.

Als Damokles das Schwert über seinem Kopf bemerkte, war es ihm unmöglich, den dargebotenen Luxus zu genießen und schließlich bat er darum, auf die Annehmlichkeiten (und die damit verbundene Bedrohung) verzichten zu dürfen. Damokles hatte seine Lektion erhalten, dass Reichtum und Erfolg keinen Schutz vor Gefahren bieten.

Den zügellosen Muskelspielen der Mächtigen Einhalt zu gebieten, könnte manchmal von Vorteil sein.
Das Schwert des Damokles über ihnen schweben zu lassen, um sie auf den Boden der Realität zurückzuholen.
So würde ihnen bewusst gemacht, dass auch ihre vermeintliche Macht vergänglich ist und die Freude an ihrer Maßlosigkeit auf Kosten der Schwächeren gezügelt.
Ein Instrument skrupelloser Mächtiger ist die Demütigung. Eine öffentliche Erniedrigung und Beschämung, die der Starke dem Schwächeren in der Ausübung seiner Macht zufügt.
Eine vernichtende Waffe, die von einigen Führungskräften gerne eingesetzt wird.
Das Delegieren fällt so mancher Führungskraft schwer. So einfach ist es doch, wenn man frei ist von den Ängsten des Machverlustes. Delegieren bedeutet ja auch zugleich Vertrauen darüber, dass das von mir Delegierte auch nach meinen Vorstellungen umgesetzt wird. Ich gebe also nur vorübergehend und situations- und sachbezogen etwas von meiner Position ab.
Durch Delegieren von Tätigkeiten und Verantwortung schaffe ich mir als Chef mehr Spielraum.
Dem Gegenüber sage ich ein Dankeschön für seine hohe Einsatzbereitschaft und motiviere ihn zu mehr Eigenverantwortlichkeit.
Er wird in seinem Selbstwertgefühl gestärkt, das ihm dadurch entgegengebrachte Vertrauen gegenüber dem Unternehmen hervorgehoben. Der Mitarbeiter wird leistungsfähiger, zuverlässiger und identifiziert sich mehr mit dem Unternehmen.
Ja noch viel mehr!

Ich als Chef gebe ihm Anerkennung und das Gefühl, dass er sich mit mir auf Augenhöhe unterhalten kann. *(Die Maslow' sche Bedürfnispyramide)*
Ist es denn wirklich so schwer zu delegieren, Verantwortung zu übertragen?

Ich fühlte mich immer als Einer unter Gleichen. Dies brachte mir auch immer sehr viel Vertrauen entgegen, was dazu führte, in einem vernünftigen Dialog eine für beide Seiten zufriedene Lösung zu finden. Es musste nicht immer die Brechstange sein, mit der man an die Dinge heran ging. Nein, Zuhören war das Wichtigste, das schien mir die Lösung zu sein. Dann konnte man es wagen eine Entscheidung zu treffen, auch dann wenn sie mal etwas einseitig ausfiel, gleichwohl in welche Richtung.

Ein Zitat von
Lucius Annaeus Seneca

Nicht weil es schwer ist, wagen wir es nicht,
sondern weil wir es nicht wagen, ist es schwer.
o d e r
von
Ralph Waldo Emmerson
Wessen wir am meisten im Leben bedürfen,
ist jemand, der uns dazu bringt,
das zu tun, wozu wir fähig sind.
Hallo Chef !-
Habe ich Sie zum Nachdenken gebracht?
Dann habe ich alles richtig gemacht.

Für mich war es nicht schwer mal wieder eine Entscheidung zu treffen. Denn der Chef, dem ich begegnete, lebte nach dem Gebot:

"Du sollst kein anderen Götter haben neben dir".

" E "

Dieses Kapitel beginne ich mit einem Zitat:
von Lothar Schmidt.

***

Erfolg stellt sich ein, wenn man mehr tut als nötig. Und das immer.

Erfolg

Erfolg, ein magisches Reizwort.

Wer hat oder wann hat man Erfolg?
Wer entscheidet über Erfolg oder Misserfolg?

Egal wer darüber entscheidet, die Entscheidung an sich spiegelt für mich immer nur eine subjektive Sichtweise eines Moments wieder.
Denn ein wirklicher Erfolg ist etwas wovon auch noch viel später andere Menschen profitieren und somit nicht zuletzt das Unternehmen.
Der kurzfristige Erfolg ist wie eine Momentaufnahme.
Der persönliche als auch der unternehmerische Erfolg ist deshalb auch unterschiedlich zu bewerten.

Der persönliche Erfolg als positives Resultat der Aktivitäten des Menschen hinsichtlich der Erfüllung seiner persönlichen Ziele.
(Maslow' sche-Bedürfnispyramide)

Egal, ob einfacher Mitarbeiter oder Führungskraft.

Anerkannter Erfolg motiviert und Motivation ist der Motor für Kreativität und Fortschritt. Erfolg basiert auf richtigen Entscheidungen.
Die Erfahrung hingegen ist die Summe aller Irrtümer, aber nicht desto weniger von Wichtigkeit, als dass durch die Erfahrung ein Lernprozess in Bewegung kommt.

Der persönlich angestrebte Erfolg und der Erfolg aus der Sicht des Unternehmens, des Managers, stehen oft nicht im Einklang.
So war ich in einem größeren Speditionsunternehmen als Personalleiter angestellt. Der Geschäftsführer, ein Top-Mann in seinem fachlichen kaufmännischen Bereich. Jedoch für neue Dinge nur sehr schwer zu haben, wenn überhaupt.
Der Eigner hingegen hatte stets ein offenes Ohr für neue dem Unternehmen dienliche Dinge.
Ich machte mir zum Ziel, die Arbeitsintensität, die Personalstärke, die Fehlerquote und durch Krankheit bedingte Ausfallquote zu analysieren.
Als ich das Ergebnis vorlegte, kam es zu gänzlich unterschiedlichen Reaktionen, was mich nicht wunderte.
"Was soll ich damit, was soll diese Zahlenspielerei"!?
"Super, das sind ja mal greifbare Ergebnisse, über die es sich lohnt intensiver nachzudenken.

Der Eigner, der genau wusste was in seinem Unternehmen vorging und deshalb in der Lage war Dinge bereits in den Anfänge des Entstehens zu erkennen und entsprechend gegen zu steuern.

Der untergeordnete Chef war der Typ, der sich erst einmal in seinen momentanen Erfolgserlebnissen suhlte und immer mit sich selbst beschäftigt war.
Wenn dann was schief lief, hatte er die Oberhand und übte unqualifizierte Kritik. Denn vorsorgliche Hinweise auf Schieflagen im Unternehmen akzeptierte er nur sehr selten oder gar nicht, wenn sie seinen Entscheidungen entgegenstanden. Ich hatte sehr oft das Gefühl, dass er die Sache nicht von der Person trennen konnte.

Zeitgleich mit mir war ein anderer Mitarbeiter Im Profit-Center tätig. Auch er hatte seine Schwierigkeiten mit dieser Führungspersönlichkeit. Das Ergebnis mit all den unüberwindbaren Hürden war, dass wir beide zeitversetzt das Unternehmen nach etwa zwei Jahren wieder verließen.
Ich hatte mich als Personalchef in einem mittelständigen / größeren Unternehmen erfolgreich beworben. An einem 01. April war mein erster Arbeitstag.
Das Datum war bezeichnend für meine Position. Mein Vorgänger verließ das Unternehmen kurz nach meiner Anstellung. Eine Einweisung, wie es die Position bedurft hätte, erfolgte nicht.
Also der Sprung ins eiskalte Wasser.
Zwei Kolleginnen, welche schon länger im Unternehmen arbeiteten, waren mir zugewiesen. Sie nutzten meine Unwissenheit, was das Unternehmen betraf, schamlos aus und ließen mich auch voll ins Messer laufen.
Trotz wiederholter Versuche, in verschiedenen Gesprächen ein vernünftiges respektvolles Miteinander zu erreichen, kam ich nicht zum Zuge.
Auch Gespräche mit meinem Vorgesetzten, seines Zeichens Vorsitzender im Vorstand des Unternehmens, konn-

ten mir keine vernünftige Grundlage für eine ihm Unternehmen dienliche Arbeitsweise gewährleisten.

Eine Aussage von Ihm bewegte mich zu einer sehr kurzen Anwesenheit in diesem Unternehmen: "Ihren Schreibtisch müssen sie sich erst mal verdienen!"
Das war für mich der Startschuss für einen nochmaligen Neuanfang. Ich beendete das Anstellungsverhältnis bereits nach 5 Monaten im gegenseitigen Einvernehmen.

Dies führte mich in eine berechenbare Zeit der Arbeitslosigkeit.
Ich nutzte diese Zeit zur Besinnung und entschloss mich zu einer kleinen Selbstständigkeit in der Gastronomie von 1991-1995.
Ich stieg aus und wollte in diesem Moment von all dem nichts mehr wissen.
Hier lernte ich meine jetzige Frau kennen, die ich im Mai 1997 heiratete.
Ein sehr impulsiver Mensch! Sie trägt das Herz auf der Zunge. In ihrer Sprache unmissverständlich, manches Mal auch etwas über das Ziel hinausschießend, aber immer verständlich. Ein Nachfragen war nicht notwendig, wenn sie etwas sagte.
Dies führte auch in den Anfängen unserer Ehe sehr oft zu Auseinandersetzungen, die sich an der Grenze der Trennung sich bewegten.
Da wir aber beide starke Persönlichkeiten sind meisterten wir all diese Herausforderungen.
Auch heute noch, gibt es zeitweilig Ansatzpunkte, mit denen wir uns kritisch auseinandersetzen, mit dem ernsten Willen eine Lösung zu finden.

So führte das am Anfang dieses Kapitels Zitierte, immer wieder zum Erfolg.

" F "

Wer die Freiheit aufgibt, um Sicherheit zu gewinnen, wird am Ende beides Verlieren.
(Benjamin Franklin)

***

Mach das Beste aus dir, etwas Besseres kannst du nicht tun."
(v. Ralph Waldo Emmerson) ein amerikanischer Philosoph

Freiheit,
Furcht,
Fürsorge,
Feigheit

Wie wahr doch vorgenannte Zitate und Begriffe sind.

Berufliche Bindung um jeden Preis, das war nicht mein Lebensstil. Auch wenn man zu sagen pflegt: "Alles hat seinen Preis oder das ist nur eine Frage des Preises".
Nein, nicht bei mir; und schon gar nicht um jeden Preis.
Dies würde für mich Selbstaufgabe und absolute Hörigkeit und Unterwürfigkeit bedeuten.
In meinen Entscheidungen frei zu sein, darum war ich immer bemüht. Denn, sich die Freiheit zu nehmen frei zu sein, dazu gehört viel mehr Mut, als mit der Masse sich im Mittelfeld zu bewegen.
Die Masse verleiht eine gewisse Anonymität, hinter der es sich leicht verstecken lässt.

Man braucht keine Verantwortung zu übernehmen, denn es waren ja immer die Andern, immer wie es gerade passend ist.

Nur nicht auffallen, Furcht vor Veränderungen, wie feige das doch ist!

Aber ist Feigheit wirklich was so schlechtes? Warum ist der Mensch feige oder wird er zum Feigling, durch Zukunftsängste, Ungewissheit, Angst Besitz zu verlieren, Angst vor dem Versagen, seine Grundbedürfnisse nicht mehr befriedigen zu können?
Ist die Angst, die Feigheit nicht auch ein ganz natürlicher Schutzmechanismus?
Ich denke schon. Denn sie setzt in uns etwas in Bewegung was auch von Vorteil sein kann. Nämlich, das Suchen nach Lösungen durch Kommunikation; was wieder dazu führt, dass man sich für einander interessiert, aufeinander zugeht, sich fürsorglich verhält und dem Andern die Furcht vor dem Neuen nimmt.
Das bedeutet für mich im Berufs- als auch im Privatleben bereit zu sein für meinen Mitmenschen Verantwortung zu übernehmen, zu führen und fürsorglich mit seinen Gefühlen und Empfindungen umzugehen.
Es lohnt sich, sich die Freiheit zu erhalten, zu lernen mit Ängsten umzugehen, dann kann man zum Schluss beides haben: "Freiheit und Sicherheit" und somit seine Grundbedürfnisse furchtlos genießen.

Ich denke, dass aber auch der fürsorgliche Umgang miteinander eine wichtige Voraussetzung für ein erfolgreiches Zusammenleben ist. Im privaten Bereich als auch auf be-

ruflicher Ebene. Denn der fürsorgliche Umgang miteinander beinhaltet Respekt und Achtung, Akzeptanz und Toleranz, den Anderen so in ein Geschehen mit einzubinden, wie er ist.
Beginnt man ihn umerziehen zu wollen, wird dies meist daran scheitern, dass er sich selbst nicht mehr akzeptiert. Er wird sich irgendwann selbst in Frage stellen und unter Umständen zum Versager mutieren.
In den Augen der Gesellschaft die nach Wohlstand, Erfolg und Macht strebt, wird dieser Mensch als nicht mehr brauchbar abgetan und es ist nicht mehr weit, dass er in die soziale Unterschicht abrutscht.
Der noch so gut gemeinte Versuch einen besseren Menschen machen zu wollen, kann ins absolute Gegenteil umschlagen.
Dann haben wir das alle nicht so gewollt.

" G "

" Die Neugier steht immer an erster Stelle eines Problems, das gelöst werden will."
(v. Galileo Galilei)

Gerechtigkeit-s-sinn,
(Neu) -Gier,
Geduld,
Gewerkschaft

Ja, die Gier nach dem Neuen, das war es, was mich immer wieder aufstehen und neue Ziele ins Auge fassen ließ.
Dabei mangelte es schon sehr oft an der notwendigen Geduld; was zur Folge hatte, dass ich des Öfteren ins Stolpern geriet und auch Tiefschläge erleiden musste.
Die machten mich nicht mutlos. Im Gegenteil, sie mobilisierten in mir immer wieder neue Kräfte. Neue Ideen entwickelten sich auf dem Weg zu neuen Zielen.
Da die Gier nach dem Neuen stärker war als jedes Sicherheitsdenken, konnte mich auch der Spruch eines Chefs **"den Schreibtisch müssen Sie sich erst verdienen"** überhaupt nicht beeindrucken.
So, wie bereits in dem vorausgegangenen Kapitel "E" bereits erwähnt, entschloss ich mich auszusteigen und in der Gastronomie selbständig zu machen.
Hier kam meine Neu**gier** voll und ganz auf ihre Kosten.

Denn als Gastronom fühlte ich mich wie auf einer Bühne und zugleich als Souffleur.

Ich war Autor, regieführend, hatte Nebenrollen, manchmal auch spielte ich die Hauptrolle, welche überwiegend von den unterschiedlichsten Gästen übernommen wurde.

Eines war ich immer - ein guter Zuhörer, Vertrauensperson für viele Menschen, die so oft vor der Theke standen und mir ihr Herz ausschütteten.
Hier konnte ich lernen, was GEDULD war, was bis dahin für mich nicht immer selbstverständlich war.

Die vier weisen Affen
Das war ich nun in einer Person. Beichtvater und somit Empfänger für all den seelischen Müll, der bei mir abgeladen wurde.

Auf Grund meines beruflichen Werdeganges und auch der gewonnenen Lebenserfahrung, konnte ich dem einen oder anderen manches Mal mit Rat und Tat zur Seite stehen.
(Gelernter Landwirt, Controlling, bei den US-Streitkräften-freigestellter, Betriebsrat - anstatt Bundeswehr - Polizei-Grundausbildung, Gewerkschaftssekretär, Personalchef). Das war doch wohl eine Karriere?

Heute sage ich: "Meine Erfahrung ist die Summe vieler Irrtümer".
Bei allem was ich tat, versuchte ich so objektiv und gerecht wie möglich zu sein.
Es kam auch vor, dass ich im Laufe meines Berufsweges Entscheidungen treffen musste,
die ich als Mensch nicht immer gut heißen konnte, was ich dann auf inoffiziellem Wege wieder ausbügelte, indem ich der Person sich zur Wehr zu setzen, beistand.

Auch der damalige Gewerkschaftsgedanke, sich für andere einzusetzen, hatte für mich den Sinn verloren. Ich war einmal davon überzeugt. Aber als ich mit den Jahren so richtig dahinter schaute, kamen mir doch immer öfter Zweifel.
Zweifel dahingehend, ob all das, an das ich glaubte und auch überzeugt war, aus meiner Sicht, noch Bestand haben konnte.
Ich kam zu der Überzeugung, dass es nicht mehr so war.
Die Funktionäre beschäftigten sich nur noch mit sich selbst, den eigenen Stuhl zu sichern bzw. am Stuhl der Anderen zu sägen.

Die Probleme der Mitglieder waren nur noch zweitrangig.
Sie wurden primär nur noch verwaltet. Der Focus lag darauf, mehr und mehr Mitglieder zu werben, um die eigene Existenzberechtigung zu festigen.
Damit versuchte man den bereits vorhandenen Mitgliedern glauben zu machen, wie sehr doch die Gewerkschaften gefragt sind. Aber wie gesagt, weit gefehlt!!
Denn, ging es darum einem in Not gekommenes Mitglied finanziell unter die Arme zu greifen, dann hatte dies nichts mehr mit unbürokratischer Hilfe zu tun.
Im Gegenteil, ein beispielloser Aktionismus und Formalismus, der seines Gleichens sucht begann. Hier konnte man wirklich sagen: "Einen Antrag des Antrags wegen".
Wenn man dann **die Neue-Heimat-Affäre** dagegen sah, konnte man sich nur noch die Frage nach dem Sinn des Ganzen stellen. Einen Nachweis darüber zu bringen, ob Mitgliedsgelder zweckentfremdet verwandt wurden, war schon schwierig; aber war das nicht so? Die Sache mit der **Neuen-Heimat,** hatte es nicht doch so einen bitteren Bei-

geschmack? Wie konnte es denn sonst möglich sein, dass ein Brötchenbecker aus der Situation Profit schlagen konnte?

Aber gut damit!!

Eine Institution, die sich für Recht und Ordnung der Arbeitnehmer einsetzen sollte, mogelte sich geschickt um Mitbestimmungsrechte im eigenen Hause herum. Denn das BetrVG galt nicht uneingeschränkt für die Arbeit des Betriebsrates.
Betriebsrat innerhalb einer Gewerkschaft, das ist schon ein Hohn.
Wurde hier praktiziert, was außerhalb in den Betrieben versucht wurde zu unterbinden?
Willkür, Mobbing, Intoleranz, Unfähigkeit usw.

Hier ein kurzer Hinweis in eigener Sache:
Als ich dieser Organisation den Rücken kehrte, durch Eigenkündigung, war man verwundert, überrascht oder was sonst noch. Zugleich war man letztendlich nicht in der Lage, ein qualifiziertes Zeugnis auszustellen.

Dies geschah erst nach wiederholter Reklamation unter Androhung rechtlicher Konsequenzen.
Wenn es Unkenntnis gewesen wäre, hätte man sagen können, na ja, der Verantwortliche kann es noch lernen. Nein, es war eine Paarung von Ignoranz, Arroganz und Borniertheit.

Eine gefährliche Mischung, wie ich meine.

Aber das gibt mir im Nachhinein die Erklärung dafür, wie ein jahrelanger Kofferträger eines Bezirksleiters es tatsächlich geschafft hat, dieses Amt inne zu haben; zumal er sich in einem Gespräch unter Kollegen mal äußerte:
"Das ist für mich der Weg, auf schnellstem Wege viel Geld zu verdienen".
Ich bezeichne ihn als Phrasendrescher.
Verwundert bin ich nur über die vielen Menschen, die sich gutgläubig noch mit dieser Organisation identifizieren.

Dieser besagte Mensch hat zwar beruflich das, was er wollte erreicht, aber privat ist er jämmerlich gescheitert.
Kann man beruflich wirklich erfolgreich sein, auch dann, wenn man privat versagt hat?
Ich glaube nicht.
Solche Menschen spielen, so glaube ich, nur eine Rolle und versuchen ein vermeintliches Vorbild zu kopieren. Dabei bemerken sie vor lauter Selbstverliebtheit gar nicht, dass sie immer nur eine Kopie bleiben.
Respekt und Achtung vor ihren Mitmenschen sind diesen Menschen fremd.
Ich habe ihn so kennen gelernt.

Zum Abschluss zwei Zitate:

Übertragung von Verantwortung verändert den Charakter.

***

Gehör findet nicht der LAUTE, sondern der, der überzeugt.

" H "

Eine Lebensweisheit aus meiner Erfahrung:

**Der Hoffende schöpft aus der Zukunft,
der Realist aus der Gegenwart,
der Träumer aus der Vergangenheit.**

***

**Habgier,
Hilflosigkeit,
Hoffnung- slosigkeit,
Hass**

Wie sagt man so schön: " Die Hoffnung stirbt zuletzt"

Aber was nützt all das Hoffen, wenn deine Umwelt getrieben ist von Hass und Habgier.
Warum müssen Menschen hassen?
Weil der Nachbar vielleicht besser, erfolgreicher im Berufsleben ist?
Weil sein privates Umfeld intakt ist?
Weil er **Ideale** wie Ehrlichkeit, Strebsamkeit, Vertrauenswürdigkeit, und mit Aufmerksamkeit am Leben Anderer teilnimmt, lebt?
Wie einfach wäre es doch, lebten wir alle danach!
Was für eine Illusion!!

Aber nein!
Zerfressen von Hass, Missgunst und Habgier, besser und mehr scin zu wollen, als alle anderen.

Ja Habgier!

Die Gier nach dem haben wollen, besitzen wollen; materiell als auch Gier nach Macht.
Schaut man sich dieses Bild unserer Gesellschaft an, wie schnell schwindet da die Hoffnung. Die Hoffnungslosigkeit und die damit verbundene Hilflosigkeit macht uns krank; und keiner will es erkannt haben.
Ja, man konnte es nicht erkennen, weil man zu sehr mit sich selbst beschäftigt war, mehr sein, zu wollen, als der Andere.

Gibt es da noch die Möglichkeit aus der Zukunft zu schöpfen?
Besteht nicht die Gefahr, dass man selbst in diesen Sog des Trachtens nach Mehr gerät?
Laufen wir nicht Gefahr irgendwann das gleiche zu tun aus der Angst um das Überleben?
Sicher ist es eine schöne Sache, den Moment bewusst zu leben und zu erleben. Aber müssen wir deshalb Althergebrachtes, Traditionen, Überlieferungen abweisen?
Warum lernen wir nicht daraus?!

Wir dürfen auch irren.
Denn Irren ist menschlich. Nicht vollkommen sein zu wollen, ist menschlich.
Der, der von sich behauptet, dass er niemals irrt:
" Der irrt"!

Hoffnung und Hoffnungslosigkeit liegen so oft sehr nah beieinander. Aber sagt man im Volksmund nicht auch:“ die Hoffnung stirbt zuletzt“.
Wie schwer ist es aber in einem Moment der Hoffnungslosigkeit, zu hoffen.
Da hat ein Mitarbeiter seine Arbeit verloren. Eine Familie kann nicht ihren gewohnten Bedürfnissen nachgehen.
Hoffnungslosigkeit macht sich breit. Mit der Zeit fühlt man sich ausgegrenzt. Kinder leiden in der Schule unter dieser Situation. Der frühere Freundeskreis wird immer überschaubarer und zuletzt ist man auf sich selbst gestellt.
In einer solchen Situation kann man nur noch hoffen, hoffen auf eine neue Chance.

Je länger das Hoffen anhalten muss, je größer ist die Gefahr, dass man anderen gegenüber plötzlich Hass oder Neid empfindet.
Mit zunehmender Hoffnungslosigkeit schwindet das Selbstwertgefühl.
Angst ums Überleben macht sich breit. Der Mensch wird krank und ist tatsächlich irgendwann nicht mehr in der Lage, den Anschluss zu finden.
Dann bleibt wirklich nur noch das Hoffen darauf, dass sich jemand erbarmt und helfend unter die Arme greift.
Aber wo sind all die angeblichen Freunde mit ihren guten Ratschlägen?

Nichts ist mehr davon zu sehen.
Zu dem Hoffen kommt aber auch die Fähigkeit Mut zu haben und vielleicht ganz neu Wege zu gehen. Eine große Portion Egoismus ist dann ganz nützlich seine eigenen Wege zu gehen und mit der Vergangenheit abzuschließen.

" I "

"Am Ideal gemessen versagt die Wirklichkeit. Aber was wäre das für eine traurige Wirklichkeit, wenn sie aufhören würde, sich nach dem Ideal zu orientieren und nach der Wahrheit zu fragen?"

Richard von Weizsäcker

Ideale,
Idealbesetzung,
Ideallösung,
Idealzustand
Idealfigur
Idealvorstellung

Ideal, wer oder was ist das schon?
Ein Wunschdenken?
Ein subjektives Gefühl?

Ist es wirklich erstrebenswert immer einen Idealzustand anzuvisieren?
Sind wir denn nicht alle zu verschieden?

Im privaten als auch beruflichen Bereich ist es sicher eine lobenswerte Eigenschaft einen idealen Zustand anzustreben.
Schon im privaten Bereich stellt dies an jeden Partner sehr hohe Anforderungen.
Nicht immer ist es einfach einander zu verstehen, für einander da zu sein, sich zu Umsorgen und nicht zuletzt ist

Vertrauen, Achtung und Respekt das Fundament in einem vermeintlichen Idealzustand, die Partnerschaft zu pflegen. All dies, ohne sich gegenseitig zu bevormunden. Eine beinahe unlösbare Aufgabe, die wir uns stellen.

Auch in meiner Partnerschaft gab und gibt es Situationen, vor denen ich manches Mal gerne davongelaufen wäre. Was in der Vergangenheit, in früheren Partnerschaften, auch schon passierte.

Ich habe daraus gelernt, dass es **das Ideale** nicht gibt. Es ist ein ständiger Lernprozess, in dem wir uns befinden. Ein ständiges Erarbeiten neuer Möglichkeiten und neuer Zielsetzungen; und irgendwann sagen wir das ist mein Idealzustand, in dem ich mich befinde.
Ein persönliches subjektives Gefühl, eine Momentaufnahme des Wohlbefindens.

Dieses Befinden jedoch kann jederzeit durch äußere nicht beeinflussbare Ereignisse oder Handlungen Dritter beeinträchtigt werden oder gar gänzlich schwinden.
Danach kommt bei vielen Menschen die Enttäuschung, Resignation und im Extremfalle der Vertrauensverlust.

Wenn ich nunmehr diese Ideale aus beruflicher Sicht betrachte, können diese Begriffe plötzlich eine ganz andere Bedeutung bekommen.

Ideale, Idcalbesetzung, Ideallösung, Idealzustand, Idealfigur Idealfall, Idealvorstellung

Ideale werden so oft als anstrebenswerte Ziele gepriesen. Aber ist es nicht vermessen, immer nur den Idealzustand im Visier zu haben?

Ist dies überhaupt möglich?
Gibt es die Ideal-Person die all dies erreichen könnte?

Wie schnell lässt man sich dazu hinreißen zu sagen: "das ist die ideale Person“ und das ist der ideale JOB.
Im Idealfalle könnte dies so oder so aussehen.

Aber entstehen diese vermeintlichen Idealvorstellungen von Dingen oder Personen nicht im Unterbewusstsein unserer eigenen Erwartungshaltung?
Es ist klar, dass man mit gewissen Vorstellungen an eine Sache herangeht; man läuft aber auch sehr schnell Gefahr, sich ein Vorurteil zu schaffen,

ohne etwas von den Dingen oder Personen zu kennen, beziehungsweise zu wissen.

Die Gefahr besteht dann darin, dass Entscheidungen, revidiert werden müssen oder gar gänzlich annulliert werden.
Ist es eine Sachentscheidung dann kann das Ganze noch glimpflich abgehen.
Waren Personalentscheidungen davon betroffen, dann hatte dies in vielen Fällen bereits irreparable Konsequenzen.
Ganz zu schweigen von einer riesigen Enttäuschung, welche mit solchen Konsequenzen und Entscheidungen einhergeht.

Ich mir vor, dass ein Mitarbeiter diszipliniert wird, nur weil er vom Hörensagen beurteilt oder gar vorverurteilt wird.

Ein Nachfragen käme ja der eigenen Unsicherheit gleich und wer gesteht sich schon gerne ein, dass er nicht immer die ideale Entscheidung traf. Wer stellt schon gerne sein Urteilsvermögen in Frage!

Aber wäre gerade dies nicht eine ideale Form von persönlicher Größe sich zu überwinden und einzugestehen, dass man selbst auch nicht dem Idealbild irgendwelcher Menschen entspricht?

An dieser Stelle komme ich abschließend nochmals auf das eingangs erwähnte Zitat zurück:

"Am Ideal gemessen versagt die Wirklichkeit. Aber was wäre das für eine traurige Wirklichkeit, wenn sie aufhören würde, sich nach dem Ideal zu orientieren und nach der Wahrheit zu fragen?"

Würden wir dies beherzigen, gäbe es oft viel weniger Enttäuschungen im Berufs- und Privatleben, wenn das Erwartete nicht immer erreicht wurde.

Bist du davon überzeugt, dass du immer die Ideale Entscheidung getroffen hast; weil du glaubtest, die idealsten Voraussetzungen für das was du tust zu besitzen?

" J "

Jasager (obrigkeitshörig / falsch verstandene Loyalität)

Bertolt Brecht

Wer kämpft, kann verlieren.
Wer nicht kämpft, hat schon verloren.

Der Jasager ein besonderer Menschentyp.

Muss man ihn mit Vorsicht genießen oder gar meiden?
Ist er ein Angstbeißer ein Ignorant?
Ist er an seiner Umwelt zerbrochen?
Ist er ein Mensch mit extremen Existenzängsten?
Wurde er ein Versager, weil seine Leistungen und er als Mensch nicht anerkannt wurden?

Der Jasager, ein Typ Mensch, der mir überhaupt nicht lag im privaten als auch im beruflichen Leben.
Privat, naja, ich denke da hat eher die Frau die Hosen an.
Ihm fehlt es an der notwendigen Spontanität, die das Leben doch sehr interessant und abwechslungsreich machen kann.
Diese Menschen sind nach meiner Erfahrung so richtige Langweiler.

Nur keine Risiken eingehen.

Ein Mensch, der mit allem zufrieden ist was er bekommt, sei es auch noch so dürftig.
Für alles dankbar sein.

Nur nicht den Eindruck eventueller Unzufriedenheit erwecken.
Er könnte ja anecken; und dann müsste er sich rechtfertigen.
Wie peinlich.
Er müsste aus seinem Schneckenhaus herauskriechen und liefe Gefahr, reglementiert und gedemütigt zu werden.
Fragt man ihn wie es ihm geht, dann wird man meistens Antworten wie:
"Ach mir geht es ja noch ganz gut.
Ich bin ja froh, dass es noch so ist wie es ist.
Man muss ja noch zufrieden sein."

Nur um einige dieser Redewendungen zu zitieren.
Hat so ein Mensch überhaupt Freude an seinem Leben?
Aber die Frage ist doch, warum wurde er zum Jasager?

Wann wurde sein Selbstvertrauen gebrochen?
Hat er gelernt sich einfach nur zu fügen, weil er glaubt nichts verändern zu können?

Hat sein Leben ihn das gelehrt?
Hat er in der Vergangenheit liegende Probleme einfach verdrängt, sie nie aufgearbeitet?
Oder ist dieser Mensch von seiner Umwelt so sehr enttäuscht worden?

Ich glaube dass so ein Mensch niemals die Chance bekam, dass man ihm zuhörte und ihn so akzeptierte, wie er war.
Ich glaube, dass wir eine Mitschuld an dem Werden unserer Mitmenschen haben, weil wir nicht mehr in der Lage

sind, durch ständiges Streben nach neuen Dingen, zuzuhören und auf unser Gegenüber einzugehen.
Uns fehlt es an der notwendigen Akzeptanz und Toleranz anderen gegenüber.

Ein gebrochener Mensch im Privaten, wie kann dieser Mensch im beruflichen Leben bestehen?
Kaum vorstellbar!
Kollegen nehmen ihn nicht als vollwertigen Mitarbeiter ernst.
Er muss sich nicht selten Häme und Spott gefallen lassen.
Diese Art von Spott und einem hohen Maße an Schadenfreude, dass er anders ist als die Anderen, lähmt ihn in seiner Kreativität und somit an seinen beruflichen Erfolg.

Ein armer Tropf, der leicht zu denunzieren ist, dem man einfach übel mitspielen kann durch falsche Behauptungen, dem man nichts zutraut, weil er zu allem „Ja“ und „Amen“ sagt.
Wie oft habe ich dies in meiner beruflichen Laufbahn erlebt!
Ich habe mich, wenn ich davon erfuhr, auch wenn ich ihm nicht unmittelbar helfen konnte, nicht selten unbeliebt gemacht. Weil ich Partei ergriff.
Weil ich die Frage nach dem Warum stellte.
Doch die Antwort auf die Frage nach dem WARUM blieb man mir immer wieder schuldig.
Aber eines war mir genugtuend, das beschämte Abwenden der Spötter von der verspotteten Person.
Oft war es nur ein Gerangel um Kompetenzen und Macht.
Jeder wollte der Bessere sein.
Nur keine Schwächen zeigen.

Immer auf den Schwächeren, Untergebenen.
Aber ist dies gerade nicht schwach und sehr erbärmlich?
Zu seinen eigen Schwächen zu stehen, das macht wirkliche Größe aus.
Während meiner Tätigkeit als Leiter des Personalwesens machte ich mir eine Regel zu eigen:

"Führen bedeutet Verantwortung übernehmen gegenüber den Vorgesetzten und verantwortlich sein für den zu führenden; die Schwächen erkennen und schwächen und die Stärken erkennen und stärken."

Mit dieser Regel, davon war ich überzeugt, konnte man aus einem JASAGER einen selbstbewussten, kritischen und motivierten Mitarbeiter, machen und letztendlich für das Unternehmen gewinnen.

Er war später der Mitarbeiter der das Wort TEAM anders interpretierte.

Nicht:
T - oll
E - in
A - nderer
M - acht's

Sondern:
T - olle
E - ngagierte
A - mbitionierte
M - itarbeiter

Wenn motivierende Gespräche und die Frage nach dem Warum Bestandteile für soziale, persönliche und fachliche Kompetenz sind, dann kann man auch aus einem JASAGER ein NEINSAGER machen.

Ein Mensch, der gelernt hat sich zur Wehr zu setzen, seine Meinung offen kund zu tun und sich den Dingen zu widersetzen, die nach seiner Meinung nicht in Ordnung sind und aus dem Ruder laufen, der ist nicht bequem.
Er ist eher ein kreativer, motivierter und erfolgreicher Mitarbeiter, der Spaß am Leben und an seiner Arbeit hat.

Die Frage nach dem WARUM beantworte ich mit einem Zitat.
Fundstelle bei Facebook

Wer an die Quelle gelangen will,
muss gegen den Strom schwimmen.

Wer aber glaubt als Jasager seiner persönlichen und unternehmerischen Loyalität Nachdruck verleihen zu können, der scheitert spätesten an einer Führungspersönlichkeit, die die notwendige soziale, fachliche und persönliche Kompetenz nicht besitzt.

Denn eine Führungspersönlichkeit sollte die Fähigkeit besitzen:

- **Menschen so zu akzeptieren, wie sie sind**
- **Probleme gegenwartsbezogen anzupacken**
- **Menschen aus dem engeren Umfeld ebenso respektvoll zu behandeln wie flüchtige Bekannte oder gar Fremde**

- **Vertrauen oben anzustellen, auch wenn es mit einem Risiko verbunden ist**
- **ohne ständige Anerkennung seitens anderer auszukommen**

Denn:

Nie vom andern Dank erwarten, aber immer selbst dankbar sein können, das ist das Privileg einer recht gebauten Seele.
Theodor Heuss

Der Dank ist für kleine Seelen eine drückende Last, für edle Herzen ein Bedürfnis.
Georg Christoph Lichtenberg

Dankbare Menschen sind wie fruchtbare Felder. Sie geben das Empfangene zehnfach zurück.
August von Kotzebue

Wenn wir uns dies zu Herzen nehmen, können wir unsäglich ernten.

" K "

Kommunikation

Die heutigen Kommunikationsmittel erlauben es dem modernen Staatsbürger, sich über alles zu informieren, ohne irgendetwas zu verstehen.
Nicolás Gómez Dávila, Scholien zu einem inbegriffenen Text

***

Kommunizieren kann jeder.
Es stellt sich nur die Frage, ob am Ende etwas dabei rauskommt?

Ich denke für eine erfolgreiche Kommunikation bedarf es der notwendigen Sach- und Fachkompetenz.
Ansonsten ist das Ganze nur ein unsinniges Geschwafel.

Kommunizieren bedeutet auch wertfrei zuzuhören.

Kommunizieren ist ein Wechselspiel zwischen hören und sprechen.

Vier-Ohren-Prinzip

Das Vier-Ohren-Modell wurde von dem ***Hamburger Psychologen Friedemann Schultz von Thun*** *entwickelt. Es leitet dazu an, jede Botschaft unter wenigstens vier Gesichtspunkten zu interpretieren:*

- *dem wörtlichen* ***Gesagten***
- *dem darin verpackten "****Appell****"*

- *der darin verborgenen* ***Selbstbeschreibung*** *des Sprechenden*
- *der darin enthaltenen* ***Beschreibung der Beziehung*** *zwischen dem Sprecher und dem Zuhörer*
- **Erfolgreich kommunizieren will gekonnt sein.**
- **Dabei stellen sich zum Beispiel die Fragen wie:**
- Welches Ziel verfolge ich am Ende der Unterhaltung?
- Will ich jemanden motivieren?
- Will ich Kritik an seinem Tun oder der Person üben?
- Will ich Forderungen abwehren oder akzeptieren?
- **Auch die Tonlage ist wichtig.**
- fragend
- vorwerfend
- gefühlsbetont
- bestimmend
- aggressiv

Sie ist deshalb so wichtig, weil ich bereits damit steuern kann in welche Richtung eine Unterhaltung geht.
Also, welches Ziel will ich erreichen?

Mit bestimmenden Drohgebärden und Vorwürfen gebe ich meinem Gegenüber keine Möglichkeit, sich konstruktiv in das Gespräch mit einzubringen. Privat als auch beruflich folgt meist der Rückzug. Dies schlägt nicht selten in Gleichgültigkeit, Desinteresse, Demotivierung und manches Mal auch in Angst um.

Aber eines ist gewiss der, der diese Unterhaltungsform wählt, wird nur selten, wenn überhaupt, respektiert.

Denn autoritäres Verhalten hat nichts mit Führungsqualitäten zu tun.
Vielmehr spiegelt dies die eigene Ohnmacht wider.
Letztendlich ist diesen Menschen das Anliegen ihres Gegenübers gleichgültig.
Für ihn zählt lediglich die Befriedigung der eigenen Bedürfnisse.
Diese übersteigerte aggressive Haltung ist nichts anderes als die Angst um Machtverlust. Aus meiner Erfahrung sage ich, dass Kommunikation aus drei Übermittlungsmodulen besteht.

Hierbei handelt es sich um:

- Die Körpersprache (denn der Körper spricht immer)
- die Tonlage (sie ist nicht zu unterschätzen)
  und als letztes
- die verbale Ausdrucksweise (Sachinhalte)

Sehr oft lässt sich an der Körperhaltung schon erkennen, wie er dem Gegenüber gesonnen ist, oder was er von dem Gesagten hält.
Die Tonlage betreffend, hier gilt das schon im Voraus (auch die Tonlage ist wichtig) gesagte.
Wobei die verbale inhaltliche Ausdrucksweise den geringeren Prozentsatz einer Kommunikation einnimmt.
Die Akzeptanz dessen was gesagt wird, wird maßgeblich von der Köpersprache und der Tonlage beeinflusst.
Wird die Unterhaltung von Gefühl, Anteilnahme, Hinterfragen oder gut gemeinten Ratschlägen und Empfehlungen geleitet, besteht meistens eine beiderseitige Kompromissbereitschaft, die am Ende eines Gesprächs den Erfolg setzt.

" L "

Lob
Leistung
Loyalität

Die einen werden durch großes Lob schamhaft, die anderen frech.
Friedrich Nietzsche, Werke II - Morgenröte

***

Dafür, dass uns am Lob nichts liegt, wollen wir besonders gelobt sein.
Marie von Ebner-Eschenbach, Aphorismen

Lob ist ein unentbehrlicher Bestandteil innerhalb unseres Zusammenlebens.
Ein kluger Mann sagte einmal:
"Ich erwarte gar kein Lob, ich bin bereits zufrieden wenn ich keinen Undank ernte".
Wie bescheiden ein Mensch doch sein muss, um mit dieser Lebenseinstellung klar zu kommen. Aber ist es viel mehr nicht doch so, wie im Anfangszitat erwähnt, dass dem, dem am Lob angeblich nichts liegt, das meiste Lob erwartet?

Denn solche Sprüche:
Du hättest mich ja auch mal loben können!
Warst du nicht mit meinem Tun zufrieden?
Du sagst ja gar nichts dazu!
Es scheint dir egal zu sein, was ich hier gemacht habe!
Ist etwas nicht in Ordnung, stimmt mit mir etwas nicht?

In der Vielfältigkeit dieser Lobeserwartungen könnte man noch unendlich fortfahren.

Andererseits, ist es nicht normal, für sein Tun und Handeln auch Lob zu ernten? Ansporn zu erfahren, dass das was ich erreicht habe gut ist, gefällt, also Anerkennung findet?
Eine konstruktive Kritik kann auch ein Lob sein, wenn auch nur eine eingeschränktes Lob. Denn mit dieser Art von Lob möchte man auf einen Umstand, ein Ergebnis oder Ereignis hinweisen, das nicht so ganz den Erwartungen entspricht.
Dies mit der Zielsetzung, dass ein anderes Ergebnis erwartet wurde, beziehungsweise ein gewisser Zustand geändert oder gar abgestellt werden sollte.
Bei den meisten Menschen kommt dies als pure Kritik an. Das Schlimme dabei ist, dass diese Menschen diese Kritik, dieses eingeschränkte Lob, personifizieren und nicht mehr sachbezogen verstehen. Somit geht dies am eigentlichen Ziel, motivieren zu wollen, vorbei. Überempfindliche Menschen sind oft in ihrem Selbstwertgefühl erschüttert, demotiviert und fühlen sich zusehends in ihren Leistungen nicht bestätigt und in ihrer Person angezweifelt.
Andere, sehen sich gefordert und versuchen ein ideales Ergebnis und Zielvorgaben optimal zu erreichen. Dieser Typ Mensch sieht sich wahrscheinlich, weil sich für ihn Kritik meist sachbezogen darstellt, eher motiviert besser zu werden. Er hat ein gesundes Paket Selbstbewusstsein, das er sich von niemand streitig machen lässt. **Lob und Leistung folgen unmittelbar aufeinander.** Ein Mensch der ein ehrliches Lob erfährt ist oft bereit an die Grenzen seiner Leistungsfähigkeit zu gehen. Er ist stets positiv motiviert und identifiziert sich mit seiner Arbeit. Er sieht sich

sozial als auch in seiner Leistung anerkannt und in seinem persönlichen Verhalten. Er ist bereit, neue Dinge anzupacken und zielstrebig voranzutreiben.
Im privaten als auch im beruflichen Bereich führt Lob zu mehr Harmonie und Leistungsbereitschaft. Man könnte das Lob auch durch Anerkennung oder Ermutigung ersetzen.
Ich erkenne deine Leistungen an.
Ich erkenne dich an.
Wenn ein Mitarbeiter dies an seinem Arbeitsplatz erfährt, kann sich ein Chef seiner persönlichen und unternehmerischen Loyalität gewiss sein.
Aber, Loyalität ist keine Einbahnstraße.
Kann ein Arbeitgeber sich der Loyalität seiner Mitarbeiter gewiss sein, kann er auch darauf vertrauen, dass unangenehme Entscheidungen nachvollzogen werden und durch positives Denken als nicht so tragisch angesehen werden?
Tritt aber Unzufriedenheit ein, droht eine von Loyalität geprägte Beziehung zu wanken, bleibt aber dennoch bestehen. Erst bei extremer Unzufriedenheit wird eine solche Beziehung zerbrechen und der Partner oder der Mitarbeiter wird ausbrechen.
Anstelle des Wortes Loyalität setze ich nunmehr das Wort Vertrauen.
Ich vertraue meinem Partner.
Ich vertraue meinem Nachbarn.
Ich vertraue einem Freund.
Vertraue ich auch meinem Arbeitgeber?
Vertrauen setzt nach meiner Ansicht viel mehr voraus.

Vertrauensdimensionen

„Vertrauen ist der Wille, sich verletzlich zu zeigen." (Bijsma & Costa, 2003; Mayer, Davis & Schoorman, 1995; Rousseau et al., 1998) Dieser einfache Satz umfasst mehre-

re Vertrauensdimensionen: 1. Vertrauen entsteht in Situationen, in denen der Vertrauende (der Vertrauensgeber) mehr verlieren als gewinnen kann- er riskiert einen Schaden bzw. eine Verletzung. 2. Vertrauen manifestiert sich in Handlungen, die die eigene Verletzlichkeit erhöhen. Man liefert sich dem Vertrauensnehmer aus und setzt zum Vertrauenssprung an.

3. Der Grund, warum man sich ausliefert, ist die positive Erwartung, dass der Vertrauensnehmer die Situation nicht zu seinen Gunsten ausnutzt.

Mehr zu der Definition Vertrauen in einem späteren Kapitel, unter dem Buchstaben " V ".

" M "

Manager / managen

Manipulation / manipulieren

Meinungsbildung

Wenn jemand ein Problem erkannt hat und nichts zur Lösung des Problems beiträgt, ist er selbst ein Teil des Problems.
Indisches Sprichwort

***

Es ist unklug, zu viel zu bezahlen, aber es ist noch schlechter, zu wenig zu bezahlen.

***

Wenn Sie zu viel bezahlen, verlieren Sie etwas Geld, das ist alles. Wenn Sie dagegen zu wenig bezahlen, verlieren Sie manchmal alles, da der gekaufte Gegenstand die ihm zugedachte Aufgabe nicht erfüllen kann.

Der Manager
Ein Manager ist eine Person, die Managementaufgaben in einer Organisation wahrnimmt. Die wichtigsten Aufgaben sind Planung und Organisation. Die Kontrolle über die Zielsetzung und Durchführbarkeit geplanter Projekte. Dabei muss ganz klar unterschieden werden zwischen Management- und Führungskompetenz.
Das Führen ist ein Teil der Managementkompetenz. In der Praxis sollte dies aber absolut voneinander getrennt sein.

Denn sehr schnell sind die Grenzen zwischen Planung, Organisation und Führung verschwommen.
In beiden Fällen jedoch werden unternehmerische Entscheidungen getroffen, mit dem Unterschied, dass man Menschen nicht managen kann, die letztendlich für den Erfolg oder Misserfolg eines Unternehmens ausschlaggebend sind.
Es ist daher besonders wichtig, dass Menschen mit Führungsaufgaben ganz bestimmte Eigenschaften wie beispielsweise Persönlichkeit, Charakter, Anstand und Einfühlungsvermögen besitzen.
Denn sie haben es mit Menschen unterschiedlichster Art zu tun. Auseinandersetzungen erfolgen oft emotional und weniger sachlich kompetent. Hier spielen oft Gefühle, Sympathie oder Antipathie eine große Rolle. Wobei das Ergebnis meist in einem Kompromiss enden wird, was ich persönlich für eine gute Lösung halte. Denn in einem solchen Falle gibt es weder Gewinner noch Verlierer.

Dies setzt aber umso stärker die Fähigkeit und Bereitschaft voraus, dass man einander zuhört, respektiert und vor allem auf einem vernünftigen Niveau miteinander redet.
Der klassische Manager hingegen hat es doch meist mit organisatorischen, unternehmerischen Beschaffungsfragen zu tun, dessen Zielsetzung es für ihn zu erreichen gilt. Hier ist das einzige Ziel die Gewinnmaximierung des Unternehmens.

Die Gefahr bei einer versierten Führungspersönlichkeit liegt darin, dass man versucht, gewollt oder ungewollt, Mitarbeiter zu manipulieren.

Aber wer hat noch nicht versucht, Menschen oder Abläufe zu manipulieren zu beeinflussen. Hat diese Manipulation, Beeinflussung das Ziel technische Abläufe zu beschleunigen oder zu verändern, so kann dies im unternehmerischen Interesse liegen.
Sprechen wir aber von Beeinflussung, Manipulation, dessen Ziel es ist, zu versuchen zu überreden oder überzeugen um Menschen zu übervorteilen, dann sage ich, ist das ein sittenwidriges Verhalten.
Denn Menschen, die das Gefühl unterlegen zu sein haben, Angst oder ein schwaches Selbstvertrauen; lassen sich leichter überreden, beeinflussen oder überzeugen.
Wird ein positives Ergebnis angestrebt oder erreicht, handelt es sich um Kommunikation, Überredung, Überzeugung. Manipulierte Menschen handeln nicht aus eigenen Einsichten oder Überzeugungen, sondern fremdbestimmt. Die gezielte Beeinflussung von außen erzeugt beim Erkennen zumeist eine negative Emotion.

Von dem manipulierten Menschen wird erwartet, dass er nach den Vorstellungen des Manipulierenden reagiert und funktioniert.
Man kann also ganz klar erkennen, dass die Sprache, wohl dem der sie beherrscht, ein enormes Machtinstrument ist. Aber kann es das sein, dass wir unsere Mitmenschen so manipulieren, dass sie nicht mehr Herr ihrer selbst sind, sondern nur noch funktionierende Marionetten. So mancher Unternehmer sähe dies gerne. Kreativität, Eigenständigkeit, Motivation. Alles positive Eigenschaften im privaten als auch im Arbeitsleben. Ein Arbeitgeber sollte sich glücklich schätzen, recht viele Menschen mit diesen Eigenschaften in seinem Unternehmen zu haben. Denn das sind

die Multiplikatoren für eine erfolgreiche Unternehmensführung. Es ist wichtig für Unternehmen und Mitarbeiter, wenn der Mitarbeiter konstruktiv an der Meinungsbildung mitwirken kann. Oft sind es die unscheinbaren Dinge und routinemäßigen Abläufe die schon bei nur geringen Veränderungen oder Abweichungen unternehmerisch relevante Ergebnisse erzielen können. Der Mitarbeiter fühlt sich als ein Glied des Unternehmens und ist hoch motiviert. Denn es ist oft vordergründig nicht nur die Entlohnung, sondern die Anerkennung und der Respekt um sich auch wirklich wohl zu fühlen. Denn nur zufriedene Mitarbeiter sind gute Mitarbeiter und gute Mitarbeiter tragen maßgeblich dazu bei, das Unternehmen erfolgreich und anerkannt dastehen zu lassen. Der Mitarbeiter ist derjenige, der die Planung des Managers erfolgreich im Sinne eines Unternehmens mit umsetzen kann.

Kein Häuptling kann ohne Indianer existieren.

" N "

Neid
Narzissmus/Egozentriker
Nichtbeachtung
Niedertracht

Der Neid
Hieronymus Cock
Unter Neid versteht man das moralisch vorwerfbare, gefühlsmäßige (emotional) Verübeln der Besserstellung konkreter Anderer. Ähnlich ist der Begriff der Missgunst.
Fehlt es am ethischen Vorwurf, spricht man auch von Unbehagen gegenüber Vorteilen anderer (Besitz, Status, Privilegien), die man selber nicht hat. Will man Neid rechtfertigen, so ist eher von einem Recht auf Gleichbehandlung die Rede.
Definition Wikipedia

Oder
Neid muss man sich verdienen
Mitleid bekommt man geschenkt.
Der Narzisst

Der Neider, ist er ein Mensch ohne Selbstbewusstsein?
Wurde ihm dieses Selbstbewusstsein systematisch zerstört oder konnte er erst gar keines entwickeln?
Was ist bei ihm im Leben falsch gelaufen?
Ich denke dieses persönliche Defizit spiegelt sich bei den Menschen wieder, die von Hause aus stets behütet und umsorgt wurden, ja geradezu eingeengt wurden, keinen Entscheidungsspielraum hatten. Sie wurden von klein auf

nicht gelehrt Verantwortung zu übernehmen und Eigeninitiative zu entwickeln. Sie verlassen sich später immer nur auf Andere.
Du sollst nicht, du kannst nicht, das macht man nicht, tue dies nicht, tue jenes nicht. Später dann: "Ich kann das nicht! Das weiß ich nicht! Wie soll ich das machen?" Das sind Grundlagen für einen Versager im privaten als auch beruflichen Bereich
Keine Persönlichkeit zu dem man aufschaut...... und schon gar nicht für Führungsaufgaben geeignet. Denn führen bedeutet auch Verantwortung zu übernehmen und Entscheidungen zu treffen. Aber nicht immer liegt die Ursache des Versagens im frühen Kindesalter. Ich denke, sehr viele bekommen die Eigenschaften und Fähigkeiten ungewollt mit in die Wiege gelegt. Das dieser Typus Mensch irgendwann einmal versagt, dies hat ganz andere Ursachen.
Bei einem sehr dominanten Partner kann sich dies während der Lebensgemeinschaft entwickeln. Ein Auseinanderleben könnte Ursache oder auch die Folge sein. Im schlimmsten Falle tritt Gleichgültigkeit und Ignoranz an die Stelle des Füreinander-Daseins und des gegenseitigen Respektes. Damit dies nicht geschieht, bedarf es einer ständigen Pflege der Partnerschaft.
Bei gründlicher Überlegung kann man feststellen, dass ähnliches auch für das Berufsleben gilt. Denn nichts im Leben ist selbstverständlich! Stellt eine Führungskraft keine Persönlichkeit dar, fehlt es ihr an persönlicher als auch fachlicher Kompetenz, dann kann dies niemals auf lange Sicht eine Bereicherung für ein Unternehmen sein.
Ein sich selbstüberschätzender Mitarbeiter, eine Führungspersönlichkeit, kann viel in einem Menschen zerstören. Diese Menschen akzeptieren keine Kritik, sie personifizie-

ren selbige. Um diesen unangenehmen Begegnungen zu entgehen, bauen sie eine schier unüberwindbare Mauer um sich; es könnte einer kommen, der vielleicht besser ist. Sie haben Angst davor, dass man ihnen einen Spiegel vorhält.
Nicht zuletzt artet dies in vielen Fällen in ungerechte Handlungs- und Behandlungsweisen aus. Dem Mitarbeiter wird erst gar kein Gehör geschenkt und wenn, wird das Gesagte nicht beachtet und nicht darüber nachgedacht. Er fühlt sich nicht akzeptiert, unverstanden und letztendlich entwickelt sich aus einem hoch motivierten, ein oberflächlicher und gleichgültiger Mitarbeiter an dem ein Arbeitgeber im Grunde kein Interesse haben kann.
Man trampelt auf Menschen und deren Gefühlen herum, selbst dann, wenn sie schon am Boden liegen. Ihnen fehlt die notwendige Empathie. Der ausbeuterische Charakter ist entsprechend stark ausgeprägt.

Nun fühlt sich diese Führungspersönlichkeit in ihrem Handeln und Denken bestätigt.
Sie lebt ihre narzisstischen Züge voll aus und zerstört damit auch noch das letzte Quäntchen Eigeninitiative, Vertrauen und vielleicht gewonnene persönliche und unternehmerische Loyalität. Dem nicht genug, jetzt wird versucht, übrige Mitarbeiter zu instrumentalisieren und vor den eigenen Karren zu spannen; was nicht selten in ein MOBBING / BOSSING auf sehr hohem oder auch niedrigem Niveau ausartet.
Die letzte Konsequenz: „Der Mitarbeiter kündigt und versteht die Welt nicht mehr. Keiner war bereit für ihn in die Bresche zu springen und dem Machwerk eines narzisstischen Menschen entgegenzutreten.“

Da MOBBING / BOSSING ein persönliches Empfinden ist und kaum zu beweisen ist, bleibt es meist ungeahndet, wenn nicht sogar immer. Für mich stellt MOBBING / BOSSING eine Körperverletzung dar, die auf das empfindlichste bestraft werden sollte. Ganz zu schweigen von den sich daraus ergebenen Folgeerscheinungen, wie Krankheit, Arbeitslosigkeit und der dadurch entstehende wirtschaftliche Schaden. Aber der narzisstische, egozentrische Mensch sieht dies nicht. Er ist nur mit sich selbst beschäftigt, sich stets zu beweisen, besser sein zu wollen als die Andern, mit einer steten Angst zu versagen. Dies führt zu einer Charaktereigenschaft, bei der das geringe Selbstwertgefühl dieser Menschen durch übertriebene Einschätzung der eigenen Wichtigkeit und dem großen Wunsch nach Bewunderung dominiert.

Das Ganze könnte man umgangssprachlich auch als Profilneurose bezeichnen.
Dies wäre aber zu einfach!
Meistens litten diese Menschen in ihrer frühesten Kindheit bis hin ins Erwachsenenalter unter mangelnder Zuwendung, Aufmerksamkeit, Achtung oder Bestätigung.
Dieser Typus Mensch ist die eigentliche Ursache unternehmerischer Fehlentscheidungen.
Ganz wichtig für einen Mitarbeiter ist, wenn er einen Vorgesetzten mit solchen Neigungen hat und erkennt, ihm niemals zu widersprechen. Denn er wird es nie verstehen, weil er nur mit sich selbst beschäftigt ist, sich in den Mittelpunkt und ins rechte Licht zu positionieren.
Aus dieser Charaktereigenschaft entsteht unumgänglich die **Nichtbeachtung** seiner Mitmenschen im privaten und beruflichen Bereich.

Die Folgen der **Nichtbeachtung** sind unverkennbar in unserer Gesellschaft.
Sie führt zur materiellen Verarmung, zur seelischen Verarmung, Verzweiflung, Einsamkeit, Perspektivlosigkeit und wenn man nichts mehr zu verlieren hat, werden ganz labile Menschen kriminell, nur um zu überleben.
Sehr schnell spricht man dann von kriminellen Energien die in ihm stecken. Nein!- jeder einzelne von uns, der ihm nicht die notwendige Achtung entgegenbrachte, ist mitverantwortlich für dieses entgleiten.
Der Arbeitgeber, dessen Streben nach Gewinnmaximierung bereits sittenwidrige Formen angenommen hat, trägt eine große Mitschuld an dieser Entwicklung.
Er ist einzigartig in der Wortfindung.
Er spricht nicht von Entlassungen! Nein, der Betrieb wird umstrukturiert, der Arbeitnehmer wird dem Arbeitsmarkt wieder zur Verfügung gestellt.
Im gleichen Atemzug entsteht der Aufschrei nach qualifizierten Kräften; und diese sollen möglichst günstig, jung und hoch qualifiziert sein. Wenn man dann die Anforderungsprofile in den Stellengesuchen sich ansieht, wird man erschlagen von hochtrabenden Begriffen wie: "Flexibilität, Loyalität, Integrität, Belastbarkeit“, um nur einige zu nennen.
Erfolgt dann eine Bewerbung und der Bewerber erfüllt auf Grund seiner Zeugnisse und Berufserfahrung das geforderte Profil, erhält er nach einigen Wochen oder schon Tagen eine freundliche Absage, mit dem Tenor: **"Er sei überqualifiziert".**
Arbeitsmarktpolitisch betrachtet, ist das für mich das „UNWORT“ schlechthin.

Ich sage, es gibt keine Überqualifikation, auch wenn sie bereits im Sprachgebrauch der Personaler sich manifestiert hat.
Mit dieser Redewendung wird dem Bewerber ohne ihn zu kennen schon mitgeteilt: "Ich bin nicht bereit, deine Gehaltsvorstellungen zu erfüllen".

Oder:
"Der Bewerber wird sich bei uns nicht wohlfühlen, wir können ihm die seiner Eignung und Neigungen entsprechende Tätigkeit nicht anbieten, er wird bei uns unzufrieden sein, er wird uns bald wieder verlassen".
Diese Art von **Nichtbeachtung** ist ja auch nicht sehr verfänglich; ich brauche mich mit der Person nicht auseinanderzusetzen.
Warum?
Warum macht man sich nicht die Mühe und arbeitet auf einen Kompromiss hin?
Denn der beste Kompromiss ist, wenn jeder von seiner ursprünglichen Vorstellung abweicht, es also keine Gewinner oder Verlierer gibt. Man könnte auch sagen, wenn bei beiden Verhandlungspartnern Unzufriedenheit aufgekommen ist, wäre letztendlich das Ziel, für beide Parteien, aufeinander zuzugehen um ein tragbares Ergebnis zu erarbeiten.
So hätte man dem Bewerber die Chance gegeben, sein Können zu beweisen. Vielleicht wären die Erwartungen des Arbeitgebers sogar übertroffen worden.
Wie einfach könnte es doch sein, seinem Gegenüber etwas mehr Achtung zu schenken und ihn nicht mit **Nichtbeachtung** zu bestrafen, wenn man vorurteilsfrei wäre. Noch viel schlimmer ist es, wenn Menschen niederträchtige Gedan-

ken hegen. Dies mit dem Ziel anderen bewusst zu schaden. Ja- gezielt hinterhältiges und böses Denken und Handeln praktizieren.

Ich definiere das Wort einmal anders:
Ein niederträchtiger Mensch trachtet danach, andere zu erniedrigen. Sei es aus Neid, Missgunst oder Narzissmus um sich selbst in ein vermeintliches positives Licht zu setzen. Nichtbeachtung einer solchen Person,
das interessiert sie nicht. Er ist so sehr mit sich selber beschäftigt, dass er einen Fehler machen könnte.
Eine Welt würde dann für ihn zusammenbrechen.
Wie arm im Geiste muss man sein, wenn man sich nur auf Kosten anderer profiliert, um selber zu glänzen.

" O "

Offenheit / Ehrlichkeit
offen für Veränderungen und Erneuerungen

Objektivität
Ohnmacht

Wer immer die Wahrheit sagt,
kann sich erlauben, vergesslich zu sein.

„Statt zu klagen, dass wir nicht alles haben, was wir wollen, sollten wir lieber dafür dankbar sein, dass wir nicht alles bekommen, was wir verdienen."
Dieter Hildebrandt

Die eigene Ohnmacht wird häufig mit Macht
und Mobbing an anderen kompensiert,
statt die Führung seines eigenen Lebens
in die Hand zu nehmen.
Monika Minder

Offenheit und Ehrlichkeit
ist die Basis einer jeden Beziehung, privat als auch im Berufsleben. Ohne diese Grundeigenschaften wäre so manches Ansinnen bereits im Ansatz zum Scheitern verurteilt.
Aber wie schwer ist es doch mit diesen positiven Grundeigenschaften sein Leben zu meistern.
Insbesondere dann, wenn die Anderen mit diesen Eigenschaften nichts zu tun haben.
Ganz sicher gibt es Situationen im Leben, wobei man diese außeracht lassen möchte und sich einer verzeihbaren Not-

lüge bedient. Aber kann ich erwarten, dass mein Gegenüber dies genauso sieht? Ich denke, in den meisten Fällen ist der Andere enttäuscht und fühlt sich betrogen oder hintergangen. Dies deshalb, weil er von ganz anderen Voraussetzungen, beziehungsweise Erwartungen ausgeht.
Eine solche Notlüge ist ja keine berechnende Vorgehensweise. Diese geschieht meist aus einer Notlage oder Verzweiflung heraus. Also etwas Verzeihbares, zumindest im privaten Bereich.
Beruflich hingegen wird ein Chef wohl kaum "die Notlüge" als ein Kavaliersdelikt abtun. Schon alleine aus dem Grunde der Angst, dass man seine Autorität untergräbt. Der Anschein, ihn nicht ernst zu nehmen, veranlasst so manchen Vorgesetzten zu überzogenen Reaktionen. Hätte er das notwendige Profil und die erforderliche Kompetenz, käme es auch hier nicht zu irgendwelchen unkontrollierten Reaktionen.

Doch leider fehlt es heute vor allem bei jüngeren Vorgesetzten an der notwendigen sozialen und fachlichen Kompetenz. Wäre sie vorhanden, könnte man "die Notlüge" auch hier als einen einmaligen Ausrutscher abtun; ohne Angst um den eventuellen Autoritätsverlust.
Denn auch hier spielt die Angst eine große Rolle- wie ich mich verhalte und wie ich mit der Situation umgehe.
Damit gegenseitige Offenheit und Ehrlichkeit, privat und im Beruf stets Bestand haben können, ist es unumgänglich, dass ein gegenseitiges Vertrauen besteht. Habe ich Vertrauen zu meinem Gegenüber, dann fällt es auch nicht schwer, unangenehme Dinge anzusprechen und nach einer gemeinsamen Lösung zu suchen.

Dann können Werte wie OFFENHEIT u n d EHRLICHKEIT auch tatsächlich gelebt werden.

Zu der Thematik Vertrauen komme ich in einem anderen Kapitel, dem Buchstaben **"V"**.
Dennoch darf bei all den guten Eigenschaften die Objektivität nicht fehlen. Sicherlich entscheidet man schon mal aus dem Bauch heraus, weil man ein gutes Gefühl zu haben glaubt. Aber nur gefühlsbetonte Entscheidungen zu treffen, erweckt allzu leicht den Eindruck der Befangenheit. Ich denke, man läuft auch sehr schnell Gefahr den Dingen ohnmächtig gegenüber zu stehen, wenn man sich bei Entscheidungen zu sehr von seinem Gefühl leiten lässt.

Die Realität holt dich schneller ein als dir lieb ist und du wirst auf den Boden der Tatsachen sehr unfein zurückgeholt. Deshalb ist es besonders wichtig im Leben die Objektivität nicht zu verlieren; und fällt es auch noch so schwer.
Aber kann man bei anstehenden Entscheidungen wirklich objektiv sein?
Hier spielt mit Sicherheit der Bezug zur Person als auch der Bezug zur Sachentscheidung eine große Rolle.
Wie weit bin ich in diese Situation involviert oder wie nahe stehe ich der Person, über die zu entscheiden ist?
Wie man also sehr schnell erkennen kann, ist es doch sehr schwer, eine tatsächliche objektive Entscheidung zu treffen, ohne die Person zu verletzen, was auch sehr oft an der Person liegt, über die entschieden werden soll.
Als Entscheider und Führungspersönlichkeit muss ich erkennen, wie stark das Selbstbewusstsein oder auch Selbstwertgefühl der Person ausgeprägt ist, über die entschieden werden soll.

In solchen Situationen erfordert es ein stark ausgeprägtes Einfühlungsvermögen. Der Entscheider muss sensibilisiert sein, Sach- als auch Personenbezogen, den richtigen Zeitpunkt, Ort und auch die richtigen Worte zu finden.
Denn es ist schon beinahe eine Kunst, Kritik so zu verpacken, dass sie positiv und nicht demotivierend bei dem Gegenüber ankommt.
Mit Sicherheit werden im Privat- als auch Berufsleben einmal Fehlentscheidungen getroffen. Diese zu erkennen, dazu stehen und wenn notwendig selbige zu revidieren oder gar sich für seine Fehlentscheidung zu entschuldigen, das ist eine Gabe, die leider nur sehr wenige besitzen.
Bei großartigen Führungspersönlichkeiten mit der notwendigen Lebenserfahrung zeigt dies wahre Größe.
Leider kommt es immer wieder vor, dass die so genannten Newcomer über ein breites, erlerntes Wissen verfügen und dies, in allem was sie tun, schematisch abarbeiten und das wird auf Dauer schiefgehen.
Denn sie können lernen so viel sie wollen, nur eines können sie nicht erlernen:
Erfahrung!
Diese müssen sie sammeln.
Denn Erfahrung ist die Summe aller Irrtümer.
Wenn die sogenannte „Führungselite" dies endlich begriffen hat, dann kann man irgendwann davon ausgehen, dass der Umgang mit dem Menschen am Arbeitsplatz oder auch im Allgemeinen, sich zum Positiven verändert und diskriminierende Verhaltensweisen der Vergangenheit angehören.

" P "

Persönlichkeit

Was ist Persönlichkeit?

Diese Frage stellen wir uns beinahe täglich. Sie beschäftigt die Menschen. Diese Frage wird auf die vielfältigste Art beantwortet.

Menschen, die auf Grund ihrer sozialen Herkunft und ihres Bildungsstandes doch sehr abgehoben angesiedelt sind, werden diese Frage mit Sicherheit ganz anders definieren als der „Normalsterbliche".

Wissenschaftlich wird das wiederum eine ganz andere Bedeutung bekommen. So verwundert es nicht, dass „Persönlichkeit" sehr kontrovers diskutiert und unterschiedlich bewertet wird. Es gibt die unterschiedlichsten Menschentypen, deren Charaktere auch sehr unterschiedlich mit dem Begriff Persönlichkeit definiert werden.

Hier einige Beispiele:

Der Angeber oder auch Aufschneider.

Er ist der Typ Mensch, der immer versuchen wird mehr vorzugeben als tatsächlich vorhanden ist.

Er lebt nach dem Motto: „ Mehr Schein als Sein".

Er nimmt es auch mit der Wahrheit nicht so genau.

Vorsicht!

Er versucht, falsches Vertrauen zu erwecken. Er behauptet, jemand zu sein, der er nicht ist und auch nie sein wird.

Als Führungspersönlichkeit absolut ungeeignet und wenn, mit äußerster Vorsicht zu genießen.

Der Kontaktfreudige
Er ist sehr lebhaft, er verfügt über schwache, schnell wechselnde und schwankende Seelenzustände die nach Außen gerichtet sind.

Der Choleriker
Er ist impulsiv und wechselhaft. Er zeichnet sich aus durch starke und schnell wechselnde, gespannte, mehr nach außen gerichtete Seelenzustände.

Der Melancholiker
Er ist eher der traurige, schwermütige oder auch grüblerische Mensch.
Oder anders gesagt: "Er ist eher introvertiert."
Ein Mensch, der nach außen hin sich nur sehr schwer darstellen kann. Er frisst alles in sich hinein und wird letztendlich aus Angst Fehler machen und im Extremfalle beruflich und auch privat scheitern.

Dem entgegen steht der extrovertierte Typ Mensch.
Er scheut sich nicht seine Meinung zu sagen, auch wenn es dem Gegenüber mal nicht passt. Er eckt aber auch sehr oft an, wenn er sich nicht auf Augenhöhe mit dem Gesprächspartner befindet. Bei dieser Persönlichkeit muss man über ein sehr starkes Selbstbewusstsein verfügen. Ansonsten läuft man Gefahr, auf Dauer an sich selbst zu zweifeln, was ebenfalls zu Misserfolgen führen kann.

Der am weitaus häufigsten verbreitete Typ, ist der Misch-Typ.
Er versteht es, wenn auch nicht immer perfekt, sich im richtigen Moment ein- und durchzusetzen.

So viel, um nur ein paar wenige Merkmale von Persönlichkeitstypen darzustellen.
Es gibt die unterschiedlichsten Zuordnungsmerkmale, wie Gangart, Körperhaltung, Statur (athletisch, leptosomenhaft) Erscheinungsbild nach außen. Bei all dem darf es aber nicht an der notwendigen persönlichen, fachlichen und sozialen Kompetenz fehlen. Fehlt es aber an notwendiger Kompetenz, wird man ihn als Partner oder Vorgesetzten nur bedingt, wenn überhaupt, akzeptieren.
Fazit: „Es gibt keinen einfachen Menschen!“
Wir sollten uns stets vor Augen halten, dass jeder Mensch, egal welchem Typ er entspricht oder nicht entspricht, was durch unsere individuelle, subjektive Sichtweise wahrgenommen wird, grundsätzlich Achtung und Respekt verdient.
Auch dann, wenn wir durch Vorurteile oder voreilige Urteile Dritter, manchmal beeinflussbar sind.

Hierzu zwei, so glaube ich, sehr treffende Zitate:

***

Demnach kann Persönlichkeit definiert werden als "die Summe der Eigenschaften, die dem einzelnen Menschen seine charakteristische, unverwechselbare Individualität verleiht."
(Andreas Zimmermann)

Persönlichkeit ist das, was bleibt, wenn man Ämter, Orden und Titel von einer Person abzieht.
(Wolfgang Herbst)

" Q "

Qualifikation
Querdenker
Querulant (Nörgler)

Wann ist ein Mensch qualifiziert?
Die Beurteilung, wann ein Mensch qualifiziert ist, entscheidet der Personaler. Die Entscheidung richtet sich nach eigenen unterschiedlichen Kriterien:

- Äußeres Erscheinungsbild (Wahrnehmung von Persönlichkeit)
- Herkunft
- Berufliche Erfahrung (fachliche Qualifikation)
- Ausbildung
- Persönliche Erwartungshaltung an das Aufgabengebiet
- die eigene persönliche Einschätzung einer Person

Im Personalwesen wird Qualifikation mit der Fähigkeit einer Person auf ihrem Arbeitsgebiet definiert. Also die fachliche Qualifikation. Aber wie komme ich in diese Situation, dass man mich auch tatsächlich beurteilen kann, ob ich qualifiziert bin oder nicht? In den meisten Fällen scheitert es doch daran, dass junge Personaler, die nichts besitzen als einen Abschluss und die verbriefte Fähigkeit, dass sie über andere Menschen urteilen dürfen.
Aber in den meisten Fällen es nicht können, weil ihnen eines fehlt:
„Menschlichkeit und die notwendige Erfahrung.“
Da bewirbt sich ein Mensch auf einen ausgeschriebenen Arbeitsplatz.

Der erste Eindruck aufgrund der Bewerbungsunterlagen ist für den Personaler ausschlaggebend. Wie immer wieder festgestellt, wird aus dieser Momentaufnahme heraus die erste Selektion getroffen.
Oft zum Leidwesen und tiefer Enttäuschung des Bewerbers. Denn er ist davon überzeugt, dass seine Referenzen und gesammelten Erfahrungen, in der angebotenen Position zutreffen. Also mit dem Anforderungsprofil übereinstimmen.
Doch was bewegt den Personaler zu einer Absage bzw. zu einer persönlichen Vorstellung?

- **Das Foto**
- **Das Geschlecht**
- **Der Name (Herkunft)**
- **Das Alter**
- **Die Qualifikationsmerkmale**
- **Angst vor etwaiger Konkurrenz**
- **Vermeintliche Überqualifikation**
- **Besondere Fähigkeiten**

Alle diese Punkte beeinflussen die Entscheidungsfindung.

Der Bewerber auf dem Foto ist vielleicht unvorteilhaft getroffen.
Kein Wunder! Die/der Bewerber /in ist vielleicht arbeitssuchend, weil er/sie unverschuldet in diese Situation geraten ist. Beinahe an der Armutsgrenze lebt, finanzielle Möglichkeiten nicht vorhanden sind, sich entsprechend zu kleiden. Ein Name, der für uns fast unaussprechlich ist; ist der Bewerber überhaupt deutschsprachig?
Das Geschlecht und das Alter werden nicht voneinander getrennt. Hier wird oft nicht mit dem Kopf gedacht. Hier

steuern nicht selten die männlichen Hormone das Geschehen, ob es zu einer persönlichen Vorstellung kommt.
Das Qualifikationsmerkmal keine klare Definition.
Doch hier kommt nicht selten das Unterbewusstsein mit dem Gedanken der Angst, sich eine Konkurrenz oder nicht mehr formbaren Bewerber einzustellen, zum Ausdruck.
Viel schlimmer ist jedoch die Definition: „Überqualifiziert“ zu sein. Da muss man doch als Bewerber beginnen an sich selbst zu zweifeln; und man fragt sich zu Recht, was will das Gegenüber denn nun wirklich.
Oder liegt es daran, dass man zwar qualifiziertes Personal haben möchte, aber nicht dazu bereit ist, ein der Anstellung entsprechendes Gehalt zu zahlen?
Also billig, aber können soll die Person so viel wie möglich. Sie soll flexibel überall einsetzbar sein und hoch motiviert.
Was für ein Widerspruch in sich!

Ich könnte mir vorstellen, dass so ein Vorstellungsgespräch sich oft nicht an der zu besetzenden Position orientiert, sondern viel mehr an rein unternehmerischen, materiellen Gesichtspunkten orientiert ist.
Dabei spielt es für den Personaler keine Rolle in wie weit der Bewerber dem Anforderungsprofil tatsächlich entspricht: Hauptsache „billig eingekauft“!
Die Konsequenz: „Langfristig unzufriedene Mitarbeiter, die bereits mit Beginn ihrer Tätigkeit sich weiter informieren und anderweitig orientieren“.
Dies ist sehr oft der Grund einer hohen Fluktuationsrate in vielen Unternehmen.
Aber kann es das wirklich sein, was ein seriöses Unternehmen anstrebt?

Haben tatsächlich Unternehmer in unserer heutigen Zeit Angst vor Querdenkern?
Denn nicht jeder Querdenker ist auch gleich zu setzen mit einem Querulanten!
In unserer schnelllebigen Zeit kann dies nur von Vorteil sein, Mitarbeiter im Unternehmen zu haben, die noch in der Lage und willens sind, neue Wege zu beschreiten und ihr Können und Wissen ins Unternehmen mit einfließen zu lassen.
Einen solchen Mitarbeiter bekomme und halte ich nicht im Unternehmen mit einer Mindestlohnabspeisung.
Ein guter Mitarbeiter orientiert sich nicht nur an der positionellen Herausforderung sich im Unternehmen zu bewähren und eventuell auch Karriere machen zu wollen und können.
Ihm geht es auch nicht minder darum, seine persönlichen Bedürfnisse zu befriedigen.
Er möchte ein einigermaßen vernünftiges Leben führen können und nicht ständig ums Überleben kämpfen zu müssen.
Das Wertvollste, was ein Arbeitnehmer in ein Unternehmen einbringt, ist seine Arbeitskraft und die Bereitschaft sein Wissen und Können in das Unternehmen mit einfließen zu lassen.
Denn Qualität hat seinen Preis und das nicht nur in der Erzeugung irgendwelcher Produkte.

" R "

Respekt
Respektlosigkeit

Es ist keine Kunst, geistreich zu sein,
wenn man vor nichts Respekt hat.

Johann Wolfgang von Goethe
(28.08.1749 - 22.03.1832)

Ganz zu Beginn stelle ich mir die Fragen:
Was ist Respekt?
Wo endet der Respekt?
und
wo beginnt die Respektlosigkeit?
Respekt ist etwas was man nicht lernen kann oder doch!?
Mancher hat die Gabe des Respektes vor anderen Menschen und den Dingen bereits in die Wiege gelegt bekommen.
Andere wiederum brauchen Jahre um dies zu lernen.
Aber sollte Respekt nicht selbstverständlich sein?
Die Erfahrung zeigt immer wieder, dass dem nicht so ist.
Im privaten als auch beruflichen Umfeld mangelt es immer öfter daran.
Der Partner fühlt sich missverstanden und reagiert oft überzogen. Die Konfrontation ist nicht mehr aufzuhalten. Widerworte wechseln das Geschehen und in der Wut wer-

den Dinge ausgesprochen, die oft nur sehr schwer wieder zu beschwichtigen sind.
Nicht selten führt dies zu respektlosem Verhalten, was letztendlich zur Trennung führt. Dies alles nur deswegen, weil ein jeder auf seiner Meinung beharrt. Ähnliche Auswirkungen hat dies im Berufsleben. Diese führen am Ende zu Maßreglungen und im Extremfalle zur Kündigung-gleichwohl von welcher Seite.

Dabei könnte der respektvolle Umgang miteinander so einfach sein.
Denn die beinahe verlorengegangenen Begriffe, wie **BITTE, DANKE** oder **ENTSCHULDIGUNG** bewirken oft ungeahnte Resonanz. Sie beinhalten Respekt, Achtung vor dem Menschen und dem, was der Mensch tut.
Respekt ist Wertschätzung, die ich anderen Menschen oder anderen Dingen entgegenbringe, hervorgerufen durch die unterschiedlichsten Verhaltensformen.
Respekt ist die besondere Eigenschaft zu besitzen, sein Umfeld so zu akzeptieren, wie es sich mir gegenüber darstellt.
Nicht immer wird dies ohne heftige Auseinandersetzungen gelingen, weil das Gegenüber ebenfalls Anspruch auf Respekt erhebt, so akzeptiert zu werden wie es ist. Dies setzt eine gewisse Toleranz vor dem, was der andere tut oder wie er ist, voraus.
Privat ist dies schon problematisch!
Aber wie wird sich dies erst im täglichen Berufsleben auswirken?
Ich denke, dass bei all den unterschiedlichsten Umgangsformen miteinander immer die Möglichkeit der Kompromissbereitschaft gegeben sein muss.

Gerade im Berufsleben, wo man auf die unterschiedlichsten Menschentypen mit den unterschiedlichsten Verhaltensmustern stößt, ist es nicht immer einfach zu tolerieren, was der andere von einem verlangt.
Ein Mitarbeiter wird meistens die ihm gemachten Vorgaben akzeptieren, weil ihm die Argumente für eine abweichende Handlungsweise fehlen. Sollte er aber, gegenteiliger Auffassung sein, ist in der Praxis meistens eine Auseinandersetzung nicht zu vermeiden.
Spätestens in diesem Moment wird sich zeigen, wie respektvoll der Umgang miteinander, die Auseinandersetzung, die Suche nach Lösungen, erfolgt. Jetzt ist ein hohes Maß an Achtung und Toleranz gefragt.
Besonders wichtig erscheint mir, dass beide Personen den ernsthaften Willen haben eine einvernehmliche Konfliktlösung anzustreben.
Bei einer solchen kontroversen Situation ist besonderes Fingerspitzengefühl gefragt. Beiden Personen muss klar sein, dass es hier um Problemlösung geht und nicht um eigene Befindlichkeiten.
Also niemals das Problem personifizieren.
Geschieht dies aber, dann gerät die Problemlösung außer Kontrolle. Missachtung macht sich breit, Toleranz geht verloren. Respektloser Umgang ist oft die Folge.
Ist in diesem Stadium keiner mehr zu Kompromissen bereit, droht die Angelegenheit zu eskalieren. Zum guten Schluss führt dies im Extremfalle zu personellen Entscheidungen. Sei es innerbetriebliche Versetzung, Zuweisung anderer Aufgaben, Ignoranz, der Verlust gegenseitiger Achtung und im schlimmsten Falle der Verlust des Arbeitsplatzes.

Hervorgerufen durch den Arbeitgeber, denn er wird letztendlich immer am längeren Hebel sein. Oder die Eigenkündigung des Arbeitnehmers, weil er dem anschließenden Druck (Mobbing) nicht mehr gewachsen ist.
Zu diesem Szenario muss es aber nicht kommen.
Es ist besser einen respektvollen Rückzug anzutreten. Sich nochmals über diese Sache Gedanken zu machen. Eventuell eine dem Unternehmen angenehmere Lösung unterbreiten. Somit würde die Autorität und Kompetenz des Vorgesetzten nicht in Frage gestellt und ich habe meinerseits gezeigt, dass ich in der Lage bin, unternehmerisch zu denken und zu handeln.
Vorgaben, aus welchem Grunde auch immer sie erfolgten, momentan zielorientiert umzusetzen.
Fehlt es an Achtung und Respekt, beispielsweise im Berufsleben vor der erbrachten Leistung, ist es nicht selten, dass die psychische und physische Belastung derartig dominiert, dass der Mitarbeiter in seinem natürlichen Leistungswillen blockiert wird. Er steht dem Unternehmen nicht mehr mit seiner vollwertigen Leistungsbereitschaft zur Verfügung.
Achtung und Respekt, Wertschätzung vor dem was der Andere tut sind ein Garant für ein gemeinsames, erfolgreiches Miteinander.
Missachtung und Respektlosigkeit sind die Totengräber eines gesetzten Zieles und eines jeden Erfolges.

" S "

Sicherheit
Selbstbestätigung

„Wer die Freiheit aufgibt um Sicherheit zu gewinnen, der wird am Ende beides verlieren.“
Benjamin Franklin

„Der sicherste Weg zum Erfolg ist immer, es doch noch einmal zu versuchen.“
Thomas Alva Edison

„Sicher ist, dass nichts sicher ist. Selbst das nicht.“
Joachim Ringelnatz

Ja, drei sehr weise Zitate, wie ich meine.
Aber was will oder versucht man uns damit sagen? Ist es das wert, alles aufzugeben was uns so viel bedeutete, nur um eine vermeintliche Sicherheit anzustreben? Auf ein bisher selbstbestimmtes Leben mit allen Höhen und Tiefen verzichten?
Kritik vermeiden bis hin zur eigenen Kritikunfähigkeit. Anpassen, nicht auffallen wollen, aus Angst etwas zu verlieren; vielleicht den Job, den Freund oder gar den Partner. Aber ist es nicht so, wenn wir auf all diese Dinge und noch vieles mehr verzichten würden, nur der vermeintlichen Sicherheit wegen, dass wir unfähig werden irgendetwas im Leben noch verändern zu können?
Übersteigertes Sicherheitsbedürfnis lähmt den Fortschritt und die Gedanken etwas neues, anderes zu wagen.

Wenn dem so wäre, was hätte das Leben dann noch für einen Sinn?
Die Lust neue Wege zu gehen, etwas anderes als das übliche tun, Neugierde befriedigen, Wissbegierde zu stillen - ist es nicht gerade das was unser Leben so lebenswert macht?
Da scheint mir das Zitat von Thomas Alva Edison hilfreicher und realistischer zu sein. Nicht entmutigen lassen, es immer wieder versuchen um die für sich oder auch unternehmerisch gesteckten Ziele zu erreichen.

„Der sicherste Weg zum Erfolg ist immer, es doch noch einmal zu versuchen."
Sicherlich geht es nicht immer ohne sich abzusichern, um gegen unerwartete Überraschungen gefeit zu sein.
Richtig erscheint mir dann doch: das „Zitat von Joachim Ringelnatz"
„Sicher ist, dass nichts sicher ist. Selbst das nicht!"
Wenn wir uns dessen bewusst werden, dann haben wir die Grenze der Angst etwas Neues zu versuchen, überschritten und sind bereit, auch auf Kosten von weniger Sicherheit unser Dasein zu meistern.
Bei der Suche nach der Sicherheit bleibt die Suche nach Veränderung und Selbstbestverwirklichung auf der Strecke.
Aber was ist Selbstbestätigung und brauche ich unbedingt Selbstbestätigung?
JA, sie ist unverzichtbar privat als auch beruflich.
Denn Selbstbestätigung ist die Bestätigung des eigenen Wertes durch besondere Leistungen oder Anerkennung durch andere. Im Beruf erfolgreich sein, ist doch das was wir anstreben.

Selbstbestätigung ist ein Auftrieb gebendes Gefühl beim Gelingen von etwas, was nicht leicht zu schaffen, zu bewältigen war. Das Streben nach Selbstbestätigung ist ein nicht unwichtiger Faktor, der wesentlich über das eigene **ICH** bestimmt und gibt dem Menschen, dem Mitarbeiter nicht zuletzt das notwendige Selbstvertrauen.
Dies wiederum gibt Sicherheit, auch in Zweifelsfällen im Leben und insbesondere im Berufsleben, überzeugen zu können.
Gleichwohl wie ich es betrachte, das Verlangen nach Selbstbestätigung ist eine ganz normale gesunde Einstellung. Gleichzeitig aber ist das Verlangen nach Selbstbestätigung nicht ungefährlich. Nämlich dann, wenn ich Gefahr laufe, dass ich gegen jede Vernunft handle und mich maßlos in eine Situation hineinsteigere bei gleichzeitigem eigenen Kontrollverlust und fehlerhafter oder keiner logisch nachvollziehbarer Argumente.
Ich denke, es ist nicht zu verkennen, dass beide Begriffe einander bedingen. Denn ohne ein gewisses Maß an Sicherheit, zum Beispiel am Arbeitsplatz, bin ich weniger motiviert. Es fehlt mir der notwendige Auftrieb die täglichen Anforderungen und schon gar nicht schwierigere Aufgaben zu bewältigen.
Nichtbewältigung von Aufgabenstellungen verunsichert. Das bedeutet wiederum Fehlerhaftigkeit und durch diese Fehlerhaftigkeit entsteht Unsicherheit.
Der Erfolg bleibt aus, die Sicherheit und das Selbstvertrauen gehen verloren.

Das Fazit wäre doch dann:
Selbstbestätigung ist die Bestätigung des eigenen Wertes durch besondere Leistungen oder Anerkennung durch andere.
Denn letztendlich ist es doch nur der Erfolg, der zählt!!

" T "
Team - (Arbeit)
Toleranz

Teamarbeit

Wer dieses Wort leichtfertig und vollmundig gebraucht, hat nach meiner Ansicht den tieferen Sinn dessen nicht verstanden.
Es bedeutet mit Sicherheit nicht, dass eincr die Richtung vorgibt, (der Teamleiter) und alle anderen schwimmen in diese Richtung.
So mancher Vorgesetzte sähe dies gerne. Aber wie wirkt sich dieses Verhalten auf die Mitarbeiter aus?
Von Motivation, Vertrauen, eigenverantwortlichem Arbeiten, Kreativität kann nicht die Rede sein.
Teamarbeit ist viel mehr! Hier stoßen die unterschiedlichsten Charaktere aufeinander mit den unterschiedlichsten Interessen, Qualifikationen und persönlichen Eigenschaften.
Sehen sie hierzu die etwas scherzhafte bildliche Darstellung dieser Problematik.

Gelingt es einer Führungspersönlichkeit diese unterschiedlich motivierten Mitarbeiter erfolgreich zusammen zu führen, dann kann man von einer erfolgreichen Teamarbeit sprechen.
Denn als kompetente Führungskraft muss es gelingen, die Schwächen des einzelnen zu erkennen und zu schwächen, als auch die Stärken zu erkennen und zu stärken.
Das bedeutet, dass ich auf jeden Mitarbeiter mit viel Fingerspitzengefühl eingehen muss, ihn nicht zu demotivieren,

sondern ihn erfolgreich und unternehmensorientiert, kooperativ und zielorientiert mit einzubinden.
Dies setzt andererseits aber auch voraus, dass der Mitarbeiter so intensiv wie möglich mit der Unternehmensphilosophie vertraut ist. Der wechselseitige Informationsfluss muss gewährleistet sein.
Hat ein Unternehmen, vertreten durch seine kompetenten Führungskräfte, diese Voraussetzungen erfüllt, dann kann das Unternehmen mittel- und langfristig davon ausgehen, dass die Unternehmensphilosophie gelebt und umgesetzt wird.
Was nicht zuletzt bedeutet:
Zufriedene, hochmotivierte Mitarbeiter.
Hohe Flexibilität und Effektivität durch Aufgabenverteilung.
Führungskräfte werden entlastet durch Übertragung klarer Verantwortungsbereiche und flacher Hierarchien.
Qualitative und hochwertige Arbeitsabläufe
Minimierung oder gar gänzliche Ausschaltung von Fehlerquellen.
Verbesserung der Kundenzufriedenheit.
Das Fazit hieraus wäre Unternehmens- und somit Arbeitsplatzsicherung.

Zusammenfassend kann man sagen, erfolgreiche Teamarbeit bewirkt:

- der einzelne Mitarbeiter wird kreativer
- der Informationsfluss ist breiter
- der Mitarbeiter ist aktiv an Lösungen beteiligt
- der Mitarbeiter identifiziert sich mit seiner Arbeit und ist hoch motiviert
- extreme Tendenzen werden ausgeglichen

- das Durchsetzungsvermögen im Team ist stärker
- durch die Teamarbeit werden soziale Bedürfnisse erfüllt

Was aber unter allen Umständen beachtet werden sollte ist, dass:

- falsch verstandene Autorität das Teams nicht beeinflusst
- der Leistungsdruck nicht überstrapaziert wird
- Kompetenzkämpfe vermieden werden
- falsch verstandene persönlich Loyalität aufkommt (Gruppenbildung)
- die Dominanz eines Teammitgliedes nicht überbewertet wird
- Profilierungssüchte einzelner und Konkurrenzdenken kontrolliert wird
- man die Stärken und Schwächen bei der Auswahl der Teammitarbeiter nicht missachtet

Aber was sind die Voraussetzungen, die Fundamente für eine erfolgreiche Teamarbeit:

- Übereinstimmung bei Entscheidungen; Abweichungen werden nicht personifiziert
- Gegenseitige Akzeptanz und Toleranz auch bei Abweichungen
- Alle Mitglieder müssen Gelegenheit haben sich zur anstehenden Problematik zu äußern
- Innerhalb des Teams gibt es keine Hierarchien
- Konfliktbereitschaft und zielorientiertes Aufarbeiten
- Innerhalb des Teams muss Kritik erlaubt sein aber ohne Tadel

- Meinungen oder Erfahrungen nicht schon im Ansatz in Frage stellen
- Wissen und Erfahrung muss ausgetauscht werden

Eine kompetente Führungspersönlichkeit kann ein Team wie folgt unterstützen:

- den Teammitgliedern klar machen, dass er ihre Unterstützung braucht
- die Teamleistung vordergründig darstellen
- Selbstvertrauen im Team aufbauen und klar machen, dass jeder wichtig ist
- Immer wieder positives Feedback geben
- auch mal Aufgaben umverteilen, Fähigkeiten der Teammitglieder nutzen
- Kontakte und Verbindungen zu den übrigen Mitarbeitern des Unternehmens herstellen
- dem Team Hindernisse aus dem Weg räumen
- hin und wieder selbst durch aktive Arbeit das Team unterstützen
- keinerlei Schuldzuweisungen aussprechen, auch wenn es mal nicht so läuft
- schlechte Teamleistungen durch eigene Erfahrungsschätze lenken
- persönliche Nachteile unbedingt vermeiden.
- All dies setzt eines voraus: ein hohes Maß an sozialer, persönlicher und fachlicher Kompetenz und nicht zuletzt
- „Ein hohes Maß an Toleranz".
- Toleranz - eine Wortschöpfung mit vielseitiger Bedeutung.

Denn Toleranz ist auch:

- Nachsichtigkeit
- Großzügigkeit
- Duldsamkeit.

Die Bereitschaft, anzuerkennen und darüber hinaus das Verhalten anders Denkender zu akzeptieren.
Privat als auch im beruflichen Bereich kommt es nicht selten wegen dieser fehlenden Toleranz – INTOLERANZ – häufig zu Spannungen und nicht selten zu unüberwindbaren Geschehnissen.
Manches Mal wäre es besser, ließe man den anderen gewähren und das was er gerade tut, gelten.
Doch so oft stehen dem eigene Zwänge oder unternehmerische, unumstößliche Entscheidungen entgegen. Dies hat nicht zwangsläufig etwas mit Intoleranz zu tun. Gut ist also ein gesundes Maß an Toleranz und Akzeptanz dem anderen gegenüber zu zeigen, frei von Emotionen und eigenen Gefühlen.
Eine Entscheidung getragen von Rationalität, der Vernunft, ist manches Mal von Notwendigkeit, um Ungeahntes zu vermeiden beziehungsweise Schaden abzuwenden.
Aber auch das Bauchgefühl muss nicht immer trügen, auch wenn Zweifel manchmal mit einhergehen.

" U "
Umgangsformen/Umgangsweisen
Unterscheiden können
Ursachen erkennen
Umstellung/Umstrukturierungen
Unterstützung

Zitat:
Umgangsformen sind Formen, die zunehmend umgangen werden.
Oliver Hassenkamp

Meine eigene Definition zum Thema Ursache:
Jede Ursache führt zu einem Ereignis und jedes Ereignis wird durch ein vorausgegangenes Ereignis hervorgerufen.
(Erich Hilgert/Autor)

Wie beschämend muss es doch sein, wenn ***Umgangsformen Formen sind, die zunehmend umgangen werden.***
Wie begrenzt ist dann der geistige Horizont derer, die glauben machen wollen, dass es nicht auf die Umgangsform, sondern einzig und alleine auf das Ergebnis ankommt!
Ist das Ergebnis nicht unmittelbar davon abhängig in welcher Form des Miteinanders ich mein Leben bestreite?
Sind Umgangsformen nicht auch Voraussetzung für das zu erreichende Ziel, den angestrebten Erfolg?
Ich meine ja!
Umgangsformen sind die Basis eines vernünftigen Miteinanders. Sie können motivieren, aber auch demotivieren, sie können beleidigende aber auch lobende Wirkung haben. Doch ist es leider oft so, dass junge Personaler / Chefs

der Art schlechte Umgangsformen und Manieren an den Tag legen, dass man sie schon nicht mehr ernst nehmen kann. Dieser Mangel wird durch autoritäres Verhalten zu kompensieren versucht, wobei sie dann auch noch von sich glauben, sie seien eine Autorität. Würde man ihnen mit dieser Respektlosigkeit und miserabler Umgangsformen entgegentreten, ihnen den Spiegel vorhalten, hätte man mit Sicherheit mit Konsequenzen zu rechnen. Unsereiner würde diese Reaktion ja verstehen; aber diese Möchtegerns fühlen sich angepisst und suhlen sich in Selbstmitleid; und wenn sie die Macht hätten, würden sie dem Ganzen die Krone aufsetzen und selbige schamlos ausnutzen zur Befriedigung ihres eigenen EGOS.
Dies alles nur deshalb und um jeden Preis das Gesicht nicht zu verlieren.
Ich habe solche Menschen kennen gelernt und sehr schnell erkannt, dass es sich hierbei meist um Versager auf vermeintlich hohem Niveau handelt. Diese Menschen verschwenden mehr Zeit und Kraft in ihrem Berufsleben damit, ihre Unfähigkeit zu verbergen, als ihr Können unter Beweis zu stellen.
Aber Vorsicht!
Vor ihnen sollte man sich hüten. Diese Kategorie Mensch lebt nach dem Wahlspruch: „Ich liebe den Verrat, aber hasse den Verräter“. Ihnen ist es egal, wen oder was sie opfern, nur um des eigenen Überlebens willen.
Sie zehren und überleben von dem Verrat.
Oft geblendet von Wut und Hass sind sie nicht mehr in der Lage zu **unterscheiden** und die **Ursache** zu hinterfragen, die der Auslöser für ein bestimmtes Ereignis war.
Sie sind unfähig, das Unwesentliche vom Wesentlichen zu trennen. Cholerische Verhaltensweisen, bis hin zum Ver-

lust der Selbstkontrolle sind oft die Folge. Dann aber in volle Deckung gehen, das Gefühl vermitteln, dass er doch im Recht sein könnte.

Hier sage ich:

“ Denke immer, bevor du etwas sagst, aber sage nicht immer, was du denkst“.

Eine Führungspersönlichkeit mit diesen Neigungen, sofern man von einer Führungspersönlichkeit bei solch einem Verhalten reden kann, wird langfristig nicht überleben. Erfolglosigkeit und Versagen werden langfristig die Überhand nehmen.

Umstrukturierungen oder Produktionsumstellungen werden nur sehr schwerfällig, wenn überhaupt, realisiert werden können.

Die Ursache hierfür ist, dass die notwendige Unterstützung der Mitarbeiter fehlt.

Denn was nützt dich ein Häuptling ohne Indianer.

Mitarbeiter sind unumstritten ein hoher aber auch ein sehr wertvoller Kostenfaktor.

Ein Unternehmen ohne zuverlässige, gute Mitarbeiter wird auf Dauer nicht bestehen können. Zuverlässige und verantwortungsbewusste Mitarbeiter sind der Multiplikator auch für den unternehmerischen Erfolg.

Deshalb komme ich zu dem Schluss, dass ein unmittelbarer Zusammenhang zwischen Umgangsformen, Verhaltensweisen gegenüber den Mitarbeitern und einer erfolgreichen zielorientierten Unternehmens- und Personalführung besteht.

Denn unmotivierte, nicht ernstgenommene Mitarbeiter identifizieren sich nicht mit ihrer Arbeit und schon gar nicht mit dem Unternehmen.

Es mangelt an der persönlichen beziehungsweise unternehmerischen Loyalität.

" V "

Vertrauen
Verantwortung

Mensch sein, heißt verantwortlich sein.
Antoine de Saint-Exupéry

Wir sind nicht nur verantwortlich für das, was wir tun, sondern auch für das, was wir nicht tun.
Molière

Vertrauen und Verantwortung bedingen einander.
Doch wie entsteht Vertrauen?
Es setzt in erster Linie eine gewisse Dauer an Intensität voraus; also ein hohes Maß an Konzentration und Engagement bei dem was man tut.
Diese Intensität muss wahrnehmbar und nachvollziehbar sein.
Denn nur wenn der, der Vertrauen schenkt dies erkennt, kann ein auf einer Situation basierendes Vertrauen entstehen. Ob sich aus diesem Vertrauen ein langfristiges oder gar ein dauerhaftes Vertrauen entwickeln kann, hängt oft von der gegenseitigen Erwartungshaltung ab. Jeder für sich wird sich die Frage stellen, für wie kompetent halte ich mein Gegenüber?
Kann man gegenseitig darauf vertrauen, dass sich jeder mit den Vorgaben, Zielen und Anforderungen eines Unternehmens identifiziert?
Entsteht auf Dauer eine von Emotionen gesteuerte Bindung, also durch ein reines Bauchgefühl bewusste oder

unbewusste Bindung, hat dies Auswirkungen auf die Verhaltensweisen eines Menschen.
Oder anders gesagt:
Vertrauen zwischen zwei Personen beruht meist auf Gegenseitigkeit, Verstehen oft auf gemeinsam gemachten Erfahrungen.
In einer engen Partnerschaft, einer Ehe wächst gegenseitiges Vertrauen umso stärker, je mehr Gefühle ausgesprochen und akzeptiert werden. Hieraus entsteht dann auch eine intensivere Kommunikation.
Im Berufsleben sollten Emotionen eher hintenanstehen.
Gerade auch im Beruf ist das Vertrauen wichtig, um auf längere Sicht Strategien umzusetzen. Wenn selbige auf Vertrauen basieren und zu Kooperation führen, ist das gesetzte Ziel zu erreichen, ein ganzes Stück näher; woraus man letztendlich auch seinen persönlichen Vorteil ziehen kann.
Sachlich und von gegenseitigem Respekt geführte Verhandlungen und Gespräche sind eine Basis für vertrauensbildende Maßnahmen. Dies setzt nicht zuletzt voraus, dass Informationen wechselseitig erfolgen müssen.
Verhandlungen zwischen Verhandlungspartnern können nur dann erfolgreich geführt werden, wenn die führende Person das beiderseitige Vertrauen genießt.
Dies setzt andrerseits voraus, dass bei Mitarbeitern und in der Partnerschaft Handlungsmöglichkeiten bestehen, ohne mit einer minutiösen Kontrolle rechnen zu müssen.
Vertrauen setzt eigenverantwortliches Arbeiten voraus. Der Mitarbeiter ist dann bereit, Verantwortung zu übernehmen und auch dafür grade zu stehen. Er ist bereit Entscheidungen zu treffen und auch zuzulassen. Dies wirkt sich nicht

zuletzt auf das Unternehmen und die Person leistungsfördernd aus.

Wie man sprichwörtlich zu sagen pflegt:

„Im Vertrauen gesagt…“

Was letztendlich bedeutet, dass man ein nicht öffentlich gesprochenes Wort, ein Geheimnis, für sich behält.
Hat sich ein Vertrauen durch langjährige Betriebszugehörigkeit entwickelt und gefestigt, dann ist meist der nächste Schritt zum Erfolg nicht mehr weit. Die Übertragung von Verantwortung oder anderer höherwertigeren Aufgaben lassen dann meist nicht mehr lange auf sich warten.
Spätestens jetzt stellt man sich die Fragen:
Werde ich dieser Verantwortung gerecht?
Enttäusche ich mein Gegenüber nicht?
Was geschieht, wenn ich Verantwortung ablehne?
Plötzlich treten Zweifel an den eigenen Fähigkeiten auf. Angst zu versagen, der Aufgabe nicht gerecht werden zu können. Dies sind sicherlich berechtigte Zweifel. Aber hätte man mir diese Verantwortung übertragen, wenn mein Gegenüber gleichermaßen Zweifel gehabt hätten?
Mit Sicherheit nicht!
Denn über die langen Jahre der Zugehörigkeit sind bewusst oder auch unbewusst, eine Menge vertrauensbildender Maßnahmen erfolgt, die dann zu dieser Entscheidung führten. Also - warum an sich selber zweifeln, wenn es die Anderen nicht tun?
Das Ablehnen einer solchen Entscheidung führt nicht selten zu dem Schlussgedanken eines Vorgesetzten: „Sollte ich mich denn tatsächlich so sehr getäuscht haben?“

So viel entgegengebrachtes Vertrauen kann doch nur eines bedeuten, dass Motivation, Vertrauenswürdigkeit, Loyalität und Kompetenz des Mitarbeiters im unternehmerischen Einvernehmen gesehen wurde.
Doch aufgepasst!
Die Übertragung verantwortungsvoller hochwertiger Aufgaben, eventuell mit Führungsaufgaben verbunden, kann bei charakterschwachen Menschen genau ins Gegenteil umschlagen.
Der Erfolgszwang nimmt überhand und man läuft Gefahr, sehr schnell den Boden unter den Füßen zu verlieren. Deshalb muss ich als leitende Führungspersönlichkeit, **vor** Übertragung einer höher dotierten Tätigkeit mit Führungsanspruch, sicher sein, dass die ausgewählte Person, diesen Aufgaben auch gerecht werden kann, in dem sie über die notwendigen Eigenschaften verfügt. Zum Beispiel soziale, fachliche als auch persönliche Kompetenz. Somit kann man bei ihr auch vorgenannte auftretende Zweifel ausschließen. Bedingte Zweifel müssen sich nicht nachteilig auswirken. Sie können auch bewirken, dass man sich selber hinterfragt und vor voreiligen Entschlüssen schützt. Denn es gibt nichts Schlimmeres, als die Angst vor dem Versagen. Dann lieber im Vertrauen gesagt: „ Ich bin mir nicht sicher, ob ich diesen Aufgaben gewachsen bin“.

Handelt es sich bei dem Übertragenden um eine kompetente Führungspersönlichkeit, die dennoch nicht an dir zweifelt, wird sie bemüht sein, deine Schwächen zu erkennen und zu schwächen und deine Stärken erkennen und zu stärken.
All dies setzt langfristig gewachsenes Vertrauen und verantwortungsbewusstes Denken und Handeln voraus. Denn

führen beinhaltetet auch Verantwortung zu übernehmen für das eigene Tun und das Tun der anderen.

" W "

Willensstärke
Wissbegierde
Wertschöpfung
Wut

Erfolgreich zu sein setzt zwei Dinge voraus:
Klare Ziele und den ernsthaften Wunsch, sie zu erreichen.

***

Willenskraft ist eine wesentliche Voraussetzung für Erfolg. Vielleicht sogar die alles entscheidende.

Willenskraft
An dieser Stelle möchte ich das Kapitel mit zwei Zitaten und Erfahrungswerten beginnen.
Willensstärke ist die Voraussetzung für eine zielorientierte und erfolgreiche Arbeitsweise.
Aber das alleine genügt oft nicht in der Praxis. Dies setzt andererseits auch voraus, dass dem Mitarbeiter das notwendige Vertrauen entgegengebracht wird.
Der Mitarbeiter muss erfahren, dass sein Vorhaben in der Endkonsequenz auch entsprechend honoriert wird; durch Anerkennung in der Form von LOB oder Unterstützung bei der Durchsetzung, vielleicht auch materielle Anerkennung.
Vor allem Respekt und Achtung vor dem, was er versucht umzusetzen.
Gezeigte Willenskraft sollte man in einem Unternehmen niemals unbeachtet lassen. Dies könnte letztendlich Verlust

von Eigeninitiativen zur Folge haben; mit allen daraus entstehenden Folgen, wie Oberflächlichkeit in der Arbeitsweise, auftretende Fehlerhaftigkeit, mangelnder Wille zur Kooperation und nicht zuletzt ist die Identifikation mit dem Unternehmen oder der unmittelbaren Arbeit nicht mehr vorhanden.
Ein guter Vorgesetzter hinterfragt, wenn er besondere Fähigkeiten beziehungsweise Anstrengungen eines Mitarbeiters erkennt. Das setzt natürlich voraus, dass ein gewisses Vertrauen und Verantwortung seitens der Führungspersönlichkeit vorhanden ist.

Oder kurz gefasst:
Soziale und fachliche Kompetenz ist gefragt.
Wenn alles dies vorhanden ist, dann kann man davon ausgehen, dass der Mitarbeiter auch den ernsthaften Wunsch hat seine Ziele im Sinne des Unternehmens zu erreichen.
Die Willenskraft ist vielleicht sogar das Entscheidende für den Erfolg.

Wissbegierde

Zuviel Wissbegierde ist ein Fehler, und aus einem Fehler können alle Laster entspringen, wenn man ihm zu sehr nachhängt.

Quelle: Doktor Faust, Vorspiel

Wie bei allem im Leben, zu viel kann oft ein Fehler sein.
Weniger ist daher oft mehr.
Aber Fehler zu machen ist nicht verwerflich, sofern wir bereit sind daraus zu lernen, um Wiederholungen zu vermeiden. Denn das macht letztendlich die Erfahrung in unserem Leben aus.
Erfahrung ist die Summe aller Irrtümer und Erkenntnis aus unseren Fehlern.

Die Wissbegierde kann man auch durch Neugier ersetzen. Neugier kann ausgerichtet sein auf permanent wechselnden Ereignissen. Bei dieser Begriffsvariante sind emotionale und motivierende Anteile hoch; aber nicht immer und überall angebracht.

Wissbegierde / Neugierde an immerwährend sich verändernden Dingen und Abläufen ist sicherlich eine sehr positive Eigenschaft.
Sie ist ausgerichtet auf Interesse an Wissen nach Neuem. Dieser Mitarbeiter ist bereit, sich den immerwährend neuen Situationen zu stellen und am Erfolg mitzuarbeiten. Wir können alles Erdenkliche lernen, nur eines nicht, ERFAHRUNG. Diese müssen wir sammeln!
Wer dazu nicht bereit und in der Lage ist und nur nach Vorgaben handelt, dem fehlt es an Kreativität, Lernbereitschaft, Einsichtigkeit, Verantwortung anderen gegenüber. So ein Mensch sollte niemals Führungspositionen übertragen. Er wird langfristig scheitern und im Wesentlichen zerstören.

Wertschöpfung
(Wertschätzung)

Was bedeutet das, Wertschöpfung?
Rechnerisch bedeutet dies:
Der Mehrwert ist die Differenz zwischen dem Wert geleisteter Lohnarbeit, dem Erlös aus ihrem Ergebnis (Produkt) - und dem gezahlten Lohn.
An dieser Stelle könnte man auch auf die Lehre von Marx hinweisen, was er unter dem Begriff der Wortschöpfung verstanden haben wollte.
Aber das wäre mir zu einfach.

Ich möchte mich lieber auf eine andere Definition, aus meiner Erfahrung, der Wertschöpfung besinnen.
Als Führungspersönlichkeit bin ich natürlich immer interessiert aus den Werten eines Mitarbeiters zu schöpfen. Seine Arbeits- und Denkweise geben mir Aufschluss über seine persönliche, soziale und fachliche Kompetenz.
Bin ich mir der Werte eines Mitarbeiters bewusst, fällt es mir verhältnismäßig leicht, Wertschöpfung im klassischen unternehmerischen Sinne zu erzielen. Ich mache mir seine Fähigkeiten, Können und Wissen zu Eigen und bin in der Lage, die gesteckten Zielvorgaben, aber nur mit seiner Hilfe, zu realisieren.
Der Mitarbeiter ist ein nicht zu unterschätzender Faktor in diesem Wertschöpfungsprozess. Als Kostenfaktor ist er so manchem Unternehmer ein Dorn im Auge. Aber bei noch so schnelllebiger Technisierung eines Unternehmens kann auf den Faktor Lohn, den Mitarbeiter, nicht gänzlich verzichtet werden.
Traurig ist nur, dass Unternehmen mit dem Ziel der Gewinnmaximierung, nicht immer, aber meistens, als erste eine Umstrukturierung einhergeht. Bezöge sich dies nur auf die Umgestaltung neuer Produktionsabläufe, wäre dem nichts entgegenzusetzen. Doch in den meisten Fällen geht dies auch mit nicht unerheblichem Personalabbau einher.
Da bin ich jetzt so ketzerisch zu sagen, wäre die Habgier, das Streben immer mehr zu wollen, die Gewinnsucht, ja Sucht nach immer mehr Gewinn auf Kosten andere, nicht so unermesslich stark, könnten Schicksalsschläge wie Arbeitslosigkeit vermieden oder zumindest auf ein Mindestmaß reduziert werden.
An dieser Stelle geht die Diskussion in die Richtung der Wettbewerbsfähigkeit. Das ist nachvollziehbar, aber muss

das immer mit einer brachialen Vorgehensweise geschehen?
Da spiegelt sich nur eines wieder, die meisten Unternehmer sehen sich nur sich selbst gegenüber verantwortlich.
Dieser ständige Konkurrenzkampf, als bester unter den Mitbewerbern da zu stehen, wird irgendwann ins Chaos führen. Der schon heute sich immer wiederholende Beweis sind die vielen Insolvenzen und Betriebsschließungen kleiner und mittlerer Unternehmen, die diesem Druck nicht mehr standhalten können oder auch wollen.
Bei etwas mehr Wertschätzung, bei der Schöpfung der Werte der Mitarbeiter, könnte vielleicht so manches vermieden werden. Was ich damit sagen möchte ist, dass Wertschöpfung und Wertschätzung nicht unbedingt im Widerspruch stehen müssen.

Wut

Wer von uns ist davor gefeit, einmal wütend zu werden?
Ist die Wut nicht eine ganz normale Reaktion auf nicht gelungene Vorhaben oder Aussagen, oder Reaktionen anderer?
Die Wut lässt die Kreativität verkümmern. Denn wer wütend ist, denkt meist nicht mehr klar und logisch und kann aus diesem Grunde auch nicht mehr sachlich und fachlich fundiert argumentieren. Die Umsetzung von unternehmerischen Vorgaben ist oft kaum noch realisierbar. Eigene Aktionen scheitern bereits im Ansatz.
Privat als auch im beruflichen lassen sich Ärger oder Wut nicht immer vermeiden.
Die Frage ist nur, wie gehe ich damit um?
Aber soll man nicht mal wütend sein dürfen, um seinem Unmut Luft zu machen?

Ärger schadet nur, ohne dass er jemandem nützt. Wird der Ärger so groß, dass man ihn nicht mehr unter Kontrolle hat und in unkontrollierte Wut ausartet, kann das ganze Verhalten erheblichen Schaden anrichten.
Schaden in der privaten Beziehung und nicht weniger Schaden im beruflichen Bereich. Oft stößt man auf Unverständnis, weil man sich missverstanden fühlt.
Das Schlimme an dem aufgestauten Ärger, der entstandenen ganzen Wut ist, dass man riskiert, sehr schnell Respekt und Achtung vor seinem Partner, Vorgesetzten oder Mitarbeiter zu verlieren.
Deshalb gilt, was unter Umständen sehr schwierig sein kann, dass sich Ärger erst gar nicht in dem Maße anstaut und letztlich in Wut umwandelt, dass man Dinge hinterfragt und Ursachen versucht zu ergründen.
Leichter gesagt als getan!
Denn jetzt kommt es auch darauf an, richtig einzuschätzen, mit wem man es zu tun hat.
Besitze ich dessen Vertrauen?
Ist das Gegenüber von seinem Naturell und seiner Intelligenz im Stande, das von ihm erzeugte Ärgernis zu erkennen und einzusehen?
Hat er selber aus Ärger und deshalb wütend gehandelt?
War es der eigene Leistungsdruck, der ihn veranlasste sich zu diesem Wutausbruch hinreißen zu lassen?
Wie man sieht, ein heikles Unterfangen, einen wütenden Menschen wieder in ruhigeres Fahrwasser zu geleiten. Sehr viel Fingerspitzengefühl, Führungsqualität und Verantwortungsbewusstsein sind in einem solchen Falle gefragt.
Besteht ein fundamentales wechselseitiges Vertrauen, Respekt und Achtung, wird ein vermeintliches Missverständnis niemals zu einer solchen Reaktion führen; und es muss

dann auch möglich sein, Dinge zu sagen oder zu tun, ohne vorher alles auf die Goldwaage legen zu müssen.
Sollte entgegen aller guten Voraussetzungen es trotzdem dazu kommen, wird man auch in der Lage sein, seinem Gegenüber zu verzeihen.
Ich denke was - *Henry Ward Beecher, (1813 - 1887), amerikanischer Geistlicher sagte:*

„ Vergiss nie, was ein Mensch zu dir sagt, wenn er wütend ist.“

Kann ich so pauschal nicht stehen lassen.
Dies ist positiv oder auch negativ, je nach Sichtweise definierbar.
Einmal grenzt dies schon an die Lehren im Alten Testament, wo es da unter anderem heißt:
(Mose 19.21), (Matthäus 5.38-42 Auge um Auge, Zahn um Zahn.
Aber auch im Guten kann dieses Zitat gesehen werden.
Sowohl schlechte als auch gute Dinge werden für lange Zeit oder gar auf ewig haften bleiben.
Lassen sie mich zu dem Thema Wut zu Ende kommen.
Geduld ist oft der bessere Weg einer Eskalation zu entgehen. Doch hüten sie sich vor sehr geduldigen Menschen, wenn selbige wütend werden.

Zum Schluss des Themas Wut zwei Zitate:
„In der Wut verliert der Mensch seine Intelligenz.“
Dalai Lama

„Jeder kann wütend werden, das ist einfach. Aber wütend auf den Richtigen zu sein, im richtigen Maß, zur richtigen Zeit, zum richtigen Zweck und auf die richtige Art, das ist schwer."
Aristoteles

Wer das kann, ist ein beneidenswerter Mensch.

" X "

Der X – Faktor

Mit dem X-Faktor

werden in unserem Umfeld die verschiedensten Dinge bezeichnet, zum Beispiel in der Mathematik, Casting - Shows oder auch der / dic
X-Mann / -Frau.
Aber über diese Art der Definition möchte ich nicht reden.
Mir geht es darum, was könnte man bei einem Menschen unter dem X-Faktor verstehen?
Das „ X „ steht auch hier für etwas Unbekanntes.
Dies gilt schon von Geburt an und begleitet den Menschen im privaten als auch im beruflichen Leben hin bis zum Tode; ein ganzes Leben lang.
Begegnen wir einem Menschen privat oder beruflich, stellen wir uns doch automatisch die Fragen:
Was ist das für ein Mensch?
Wo kommt er her?
Was tut er?
Was will er?
Was kann er?
Wo will er hin?
Der Mensch als ein unbekanntes Wesen.
Mit diesen unausgesprochenen Fragen gestehen wir uns bereits ein, dass uns dieser Mensch interessiert.
Das ist auch gut so.
Von nun an beginnt er für uns konkret zu werden, als ein dennoch unbekanntes Wesen.

Denn es gibt nichts Schlimmeres als Oberflächlichkeit und Gleichgültigkeit seinen Mitmenschen und Dingen gegenüber.
Dies schon gar nicht, wenn es sich um einen uns noch unbekannten Menschen handelt.
Eine solche Verhaltensweise zeugt von Vorurteilen, von denen wir uns doch so gerne freisprechen.
Sagen wir etwas, dann haben wir das nicht so gemeint.
Wir wenden uns ihm nicht zu oder gar ab; denn man kann ja nicht wissen!-
Er entspricht nicht unseren Vorstellungen, was sein Erscheinungsbild betrifft.
Besser wir sagen nichts, wer weiß wie er das versteht.
Diese und viele andere Dinge laufen bei uns im Unterbewusstsein ab.
Eine Vorsichtsmaßnahme?
Oder doch schon Ablehnung weil etwas Neues, Unbekanntes?
Wie will ich als Führungspersönlichkeit mit einer solchen Voreingenommenheit diesen Mitarbeiter dazu bringen, sich im Unternehmen zu integrieren?
Wie will ich seine Einstellung zum Unternehmen erfahren, wenn ich nicht gesprächsbereit bin?
Wie will ich seine Qualifikationen und Fähigkeiten erkennen und sie fördern?
Sie sehen, Voreingenommenheit schadet im Prinzip nur.
Also weg mit diesen ängstlichen Verhaltensweisen. Gehen wir mit offenem Visier auf den Mitarbeiter zu und hinterfragen all diese Dinge, die ich gern von ihm erfahren möchte.

Dies mag im ersten Moment als übertriebene Wissbegierde oder Neugierde angesehen werden.
Doch nur so schaffe ich Vertrauen und beweise Interesse an dem Menschen und dem was er kann und tut. Er fühlt sich akzeptiert und im Unternehmen angekommen.
Siehe da, er ist kein X-Faktor mehr.
Er ist plötzlich einer von uns, ein Mensch wie du und ich, mit all seinen Schwächen und Stärken.
Nun kann ich als gute Führungskraft im Sinne des Mitarbeiters und des Unternehmens tätig werden.
Die Fragen, die ich mir jetzt stelle sind ganz andere, sind von positiver Grundeinstellung geprägt.
Wie kann ich ihn effizient im Unternehmen einbinden?
Wie kann ich mir sein Wissen und seine Erfahrung zu Eigen machen?
Wie kann ich ihn fördern und fordern?
Wo sind seine Stärken und Schwächen?
Wie kann ich sie stärken und schwächen?

Mit dieser Einstellung wird dieses "unbekannte Wesen" plötzlich für mich etwas ganz konkretes, greifbares, ein wertvoller Mitarbeiter.
Nun bin ich gefordert als Führungspersönlichkeit alles das bereits gesagte erfolgreich umzusetzen. Wohl dosiert und nicht überstürzt.
Denn ansonsten könnte ich mit meinem Übereifer und der Suche nach eigenem Erfolg und Selbstbestätigung, was auch ich brauche um zu bestehen, scheitern, weil der Mitarbeiter eventuell sich den gestellten Aufgaben nicht mehr gewachsen sieht. Jeder Mensch ist zu etwas Besonderem im Stande, wenn man ihm seine besonderen Fähigkeiten bewusst macht.

" Y "
Da ich zu Y sprachlich nichts zu sagen vermag, habe ich mich für den sprechlaut
(Ü)
entschieden.

Überzeugen / Überzeugungskraft
Übereifer
Überlastung

***

Wie oft sagt man:
Davon musst du mich erst einmal überzeugen
oder
davon kannst du mich nicht überzeugen.

Was steckt hinter diesen Redensarten?
Der tiefere Sinn dieser Redensart kann doch nur sein, dass ich meinem Gegenüber gar nicht so viel zutraue, sein vorhandenes Wissen, welches ich im Grunde gar nicht beurteilen kann, anzweifele.
Warum eigentlich?
Wollte ich nicht frei sein von Vorurteilen, Dinge hinterfragen, Informationen sammeln und dann erst meine Meinung bilden?

Es ist also doch schon sehr schwer, frei zu sein von Vorurteilen.
Wann gelange ich im Verlaufe eines Gesprächs zu der Überzeugung, dass das Gesagte auch den tatsächlichen Gegebenheiten entspricht?

Ich kann das mir Gesagte einfach glauben, doch dann laufe ich Gefahr von etwas falschem überzeugt zu werden.
Um mich nicht dieser Gefahr auszusetzen, erwarte ich, dass das mir Übermittelte nachprüfbar ist. Nur die Behauptung reicht nicht mehr aus. Ich setze auf meine Erfahrung und die meinerseits gewonnene Meinung zu dem Sachverhalt.
Glaube ich aber einfach das, was man mir mitteilt, dann bin ich auf Grund meiner Erfahrung von der Richtigkeit überzeugt.
Um in der Endkonsequenz überzeugen zu können, bedarf es oft einer unermüdlichen Ausdauer und Bereitschaft, etwas zu Ende zu bringen.
Denn letztendlich sind wir nicht nur verantwortlich für das was wir tun, sondern auch für das, was wir nicht tun. Wenn ich nicht bereit bin, diese Verantwortung zu übernehmen, vermag ich als Führungspersönlichkeit im entscheidenden Moment nicht zu überzeugen.
Oder anders gesagt, wenn ich entgegen meiner Überzeugung etwas tue oder veranlasse, verweigere ich letztendlich auch die Bereitschaft dafür, Verantwortung zu übernehmen. Es ist keine Schande, sich überzeugen zu lassen und es dann aber auch zuzugeben. Nur so kann ich gewisse Dinge ändern und künftig auf Prozesse rechtzeitig einwirken.
Ich muss aber auch bereit sein, mich überzeugen zu lassen und nicht glauben, dass ich täglich das Rad neu erfinde. Zurückweisen und ignorieren von Argumenten, lässt sehr schnell den Eindruck von Unwissenheit, Arroganz und Intoleranz entstehen. Bei einem solchen Verhalten läuft man auch Gefahr, nicht mehr informiert und in Entscheidungsfindungen eingebunden zu werden.

Das Scheitern unternehmerischer Zielvorgaben ist vorprogrammiert.
Nicht weit von der Überzeugungskraft entfernt ist der sehr eifrige, hoch motivierte und engagierte Mitarbeiter.
Doch Vielgeschäftigkeit und Übereifer der Mitarbeiter kann genau so viel schaden wie ein desinteressierter Mitarbeiter. In beiden Fällen lässt die Fehlerhaftigkeit der Arbeit nicht lange auf sich warten.
Eine teuflische Entwicklung könnte durch die dann vorhandene Fehlerhaftigkeit ihren Lauf nehmen. Akzeptanzverlust, Demotivation, Ängste noch mehr Fehler zu machen und nicht zuletzt Zweifel an sich selbst und dem was man tut, sind im schlimmsten Falle die Folge.
Aber in dem Wort Übereifer steckt auch etwas positives, nämlich das Wort EIFER.
Dieses Wort wiederum kann auch bedeuten: Fleiß, Strebsamkeit, Begeisterung, Arbeitsbereitschaft, Tatendrang. Ich kenne niemand, dem diese Eigenschaften gleichgültig wären und schon gar nicht einem Arbeitgeber.

Vorbezeichnete Eigenschaften wohl dosiert in die Arbeitsabläufe einbringen, kann nur eines bedeuten: Erfolg und Akzeptanz.
Bei all den guten Vorsätzen eines Mitarbeiters darf man nicht Außerachtlassen, dass er Gefahr laufen kann, irgendwann überlastet zu sein, also den gestellten Erwartungen nicht mehr gerecht werden zu können.
In diesem Moment stellt sich mir die Frage, wie viel Rückgrat hat in einem solchen Falle ein Vorgesetzter? Steht er zu dem Mitarbeiter, forscht er nach den Ursachen oder zieht er für den Mitarbeiter unangenehme Konsequenzen?
Ich als Führungspersönlichkeit muss erkennen wo die

Grenzen meines Mitarbeiters sind, damit eine solche Situation nicht eintritt; dann brauche ich mir nicht die Frage zu stellen: Stelle ich mich schützend vor meinen Mitarbeiter oder greife ich auf die mir zur Verfügung stehenden Personal- Ressourcen zu. Was bedeutet, dass ich diesen Mitarbeiter fallen lasse und durch einen anderen ersetze. Die deutsche Sprache integriert das fürchterliche Wort **„Human Ressource“.** Was doch nichts anderes bedeutet als: „Personalreserven“ – „ betriebliches Humankapital“.

Wenn ein Unternehmen langfristig menschliches Kapital so willkürlich einsetzt wird es sehr bald an seine Grenzen stoßen. Ich kann als Vorgesetzter und Unternehmer nicht nur daran denken, Wissen, Fertigkeiten, Erfahrung und Motivation von den Mitarbeitern abzurufen beziehungsweise auszusaugen und wenn sie nicht mehr funktionieren, freizusetzen.

Eine unkontrollierte Planung und Steuerung von Mitarbeitern führt in der Endkonsequenz zu einer negativen Personalentwicklung, Entlassungen oder Eigenkündigungen.

Sehe ich den Personalbereich einzig und allein als ein Instrument zur Steigerung der Ertragskraft, so mag das kurzfristig möglich sein, aber langfristig wird der Wert der Mitarbeiter vernichtet und damit die langfristige Existenz eines Unternehmens in Frage gestellt und gefährdet.

Das Ziel eines Unternehmens muss es sein, dem vorhandenen menschlichen Kapital, der Arbeitskraft und all dem Können und Wissen eine langfristige Bedeutung zu geben. Nur dann kann der Unternehmenswert langfristig gesteigert und gehalten werden.

Führungskräfte dienen als Vorbild. Sie müssen die gewünschte Kultur selbst praktizieren und zugleich das Vertrauen vorstrecken, nur so kann es entstehen.
(Seite 18; Aus einer Studie: Unternehmen benötigen ein neues Führungsverständnis)

" Z "

Zuverlässigkeit
Zielsetzungen
Zahnräder (Mitarbeiter)

Verlässlichkeit und Charakter gehen ineinander über und sind auf den Menschen bezogen aus dem Integral des Geistes gar nicht wegzudenken.
Peter Rödl (*1966), deutscher Aphoristiker

***

Verlässlichkeit ist ein Birnbaum, dessen Früchte Du genießen kannst und der Dir immer an selber Stelle Schatten spendet.
Ursula Schachschneider (*1957), Malerin, Buchillustratorin, Dozentin, Autorin und Aphoristikerin

Zuverlässigkeit ist mehr als nur ein Wort.
Für mich ist Zuverlässigkeit ein übergeordneter Begriff für Treue, Glaube, Vertrauen, Verfügbarkeit, sich auf jemanden verlassen zu können in den vielfältigsten Lebenslagen. Privat als auch im Berufsleben kann nichts geschehen, wenn das Vorgenannte nicht oder nur gering vorhanden ist. Es sind Werte, die nicht voneinander zu trennen sind. Das eine baut auf das andere auf.
Im Berufsleben könnte das so aussehen:
Kann ich mich auf einen Mitarbeiter verlassen, schenke ich ihm auch das notwendige Vertrauen, dass er gewisse Dinge zielorientiert umsetzen wird. Ein Mitarbeiter, der das ihm entgegengebrachte Vertrauen durch seine Zuverlässigkeit

und Kompetenz erworben hat, mit ihm sollte man pfleglich, also mit dem notwendigen Respekt und Achtung, begegnen.
Er wird niemals enttäuschen, wenn er nicht enttäuscht wird. Denn die Treue zum Unternehmen - die Identifikation - und der Glaube an seine Kollegen - die persönliche Loyalität - sind für ihn eine persönliche Wertschöpfung aus all dem.
Aber diese über Jahre gewachsene Verlässlichkeit, Loyalität, ist keine Einbahnstraße. Um diesen Zustand zu erhalten, bedarf es einer ständigen Fürsorge und Verantwortung gegenüber dem Mitarbeiter und dem Unternehmen. Hier die richtige Balance zu finden, ist oft sehr schwierig und wird auch nicht immer gelingen.
Umso wichtiger ist die Auswahl von Führungspersönlichkeiten. So ist das Zitat von *Ursula Schachschneider* doch recht zutreffend.
Denn nur wenn ich eine Pflanze ständig pflege kann sie auf Zeit gesehen, sich zu einem kräftigen Baum, entwickeln, der mich die Früchte ernten lässt, die ich von ihm erwartet.
Bei all dem sollte man aber nicht vergessen, dass du deine eigene Zuverlässigkeit erst dann erkennen wirst, wenn sie von deinem Gegenüber reflektiert wird, dass er sich auf dich verlassen kann.
Einige, nicht positiv denkende Menschen interpretieren zuverlässig indem sie sagen: „ In diesem Begriff kommt das Wort verlassen vor“.
Bei diesen Menschen ist es sehr schwer, Vertrauen aufzubauen um ihnen verantwortungsvolle Tätigkeiten zu übertragen. Denn Verantwortung übernehmen bedeutet nun mal auch, für etwas verantwortlich und zuverlässig zu sein; und an dieser Stelle steht der Mensch im Mittelpunkt des Ge-

schehens. Er, der Mitarbeiter, ist das unerschöpfliche Potenzial für den unternehmerischen Erfolg. Ein Mitarbeiter, der sich in guten Zeiten bewährt, auf ihn kann man vertrauen, aber ein Mitarbeiter der sich in auch in schlechten Zeiten bewährt, auf ihn kann man langfristig bauen.

Als treffender Abschluss zu dem Thema Zuverlässigkeit nachstehende Definition:
Zuverlässigkeit ist eine schöne und so seltene Eigenschaft, weil nur das harmonische Zusammenwirken aller Kräfte sie dem Menschen aufprägt, weil sie ebenso wohl eine Eigenschaft des Herzens als des Kopfes ist, die sich nicht willkürlich aneignen lässt, sondern als das redende Zeugnis eigener Tüchtigkeit Macht über andere gewinnt.
Arthur Stahl (1830 - 1876), Pseudonym für Valeska Veigel - Belgien, deutsche Schriftstellerin Quelle: »Die Tochter der Alhambra«, 1869

Zielsetzungen, Zahnräder (Mitarbeiter)

Vorgaben und Zielsetzungen prägen das Zeitgeschehen eines Unternehmens. Oft mit einem Druck, der von keinem der Mitarbeiter mehr umzusetzen ist. Die Folge sind Misserfolge, Fehlerhaftigkeit in der Umsetzung, Resignation, Tadel durch den Vorgesetzten, Verlust des Selbstwertgefühls und nicht zuletzt die Krankheit.
Kann es denn wirklich sein, dass man bereit ist all diese Risiken einzugehen, den Mitarbeiter letztendlich zu verlieren, nur um des eigenen Erfolges Willen, getrieben von der Habgier und Gewinnsucht, besser sein zu wollen als der Mitbewerber.

Sollte der Begriff HUMAN - RESSOURCES an dieser Stelle doch diese Bedeutung bekommen, den er in den Köpfen der Herrschenden hat?
Wie viel Milliarden benötigen diese Menschen um zufrieden zu sein?
Wie viel Leichen pflastern deren Weg zum Erfolg? Leichen im Sinne von Outsourcing, Ausgliedern, umstrukturieren, freisetzen von Menschen, die durch solch ungezügeltes Verhalten in den Ruin getrieben werden.
Die in ausweglosen Situationen und oft in die Obdachlosigkeit geraten, weil sie ihre Miete nicht mehr zahlen können; oder das mühsam ersparte Häuschen nicht mehr halten können. Einst zuverlässige, loyale, strebsame, verantwortungsbewusste Mitarbeiter, die plötzlich vor dem Nichts stehen. Sind sich diese Herrschenden eigentlich bewusst, dass sie als Häuptling ohne Indianer am Ende nichts mehr wert sind.
Wie wollen sie das Erreichte erhalten, ohne die vielen kleinen Zahnräder, die an ihrem Platz oft die unmöglich erscheinenden Dinge Wirklichkeit werden ließen?
Dem Unternehmen zu dem verhalfen, was es ist.
Die vielen kleinen Zahnräder eines Getriebes, die Mitarbeiter eines Unternehmens, sind es doch die das Ganze in Bewegung halten wenn sie harmonisch ineinander übergreifend funktionieren. Aber damit es so ist, bedarf es einer verantwortungsvollen Pflege und Fürsorge.
Nun lieber Leser, ganz zum Schluss mögen sie vielleicht sagen: **„Was für ein Träumer“! Aber wäre das kein schöner Traum, wenn nur einiges davon in Erfüllung ginge?**

Zum Abschluss einige Zitate:

Was ist das für eine Zeit, wo man die Begrabenen beneiden muss?

Johann Wolfgang von Goethe(1749 - 1832), deutscher Dichter der Klassik, Naturwissenschaftler und Staatsmann

„Führungskräfte dienen als Vorbild. Sie müssen die gewünschte Kultur selbst praktizieren und zugleich das Vertrauen vorstrecken, nur so kann es entstehen.“

Wer glaubt, etwas zu sein, hat aufgehört, etwas zu werden.

Philip Rosenthal Quelle Wikipedia

Wir unterschätzen das, was wir haben und überschätzen das, was wir sind.

Marie von Ebner-Eschenbach Wikipedia Marie von Ebner-Eschenbach

Es ist unmöglich, zweimal in denselben Fluss zu springen. Auch wenn wir in dieselben Flüsse steigen, fließt immer anderes Wasser herbei.

Heraklit, Die Vorsokratiker, Matthias Hackemann (Hrsg.)

Zum Abschluss noch zwei Aufsätze aus kürzlich gewonnener Erfahrung und der Erfahrung mir nahestehender Menschen.

Dekadenz kennt keine Grenzen!
Das Leiden am Arbeitsplatz!
Darum schweigen so viele!

Hurra, ich habe wieder eine Arbeit!!!
Aber warum verlor ich meine Arbeit??
Hierfür gibt es die unterschiedlichsten Ursachen. Die meiner Meinung nach häufigste Ursache ist die, des ständigen Strebens nach mehr.
Oder wie der Unternehmer zu sagen pflegt: „Gewinnmaximierung".
Aber muss das denn meistens auf dem Rücken der Mitarbeiter ausgetragen werden?
Ja, das ist wohl so. Sie sind die Schwächsten im unternehmerischen Zahnradgetriebe. Sie sind die, die am ehesten dem Unternehmerdruck nicht standhalten können. Deshalb nicht können, weil viele der Verantwortung gegenüber ihrer Familie gerecht werden müssen. Nicht selten sind in den Familien beide Elternteile beschäftigt.
Der Grund hierfür ist, dass das Einkommen eines Elternteils der Familie keine vernünftige Lebensqualität mehr bieten kann.
So kommt es dazu, dass Mitarbeiter dem Druck nachgeben, auf Lohnerhöhung verzichten oder gar Lohnkürzungen akzeptieren. In den meisten Fällen werden so niedrige Löhne gezahlt und einmal gewesene Vergütungen, wie Urlaubsgeld oder Weihnachtsgeld versucht, mit dubiosen Mitteln und Wegen zu kappen.

Unternehmen werden umfirmiert, Kündigungen werden ausgesprochen mit nur sehr schwer nachvollziehbaren Gründen. Sich gegen diese Machenschaften zur Wehr zu setzen, ist schier unmöglich. Nicht aus juristischer Sicht, eher aus finanziellen Gründen. Denn wer kann sich schon einen Anwalt leisten mit dem ohnehin schon sehr spärlichen Einkommen. Dessen ist sich jeder Unternehmer bewusst und nutzt diese Ohnmacht schamlos aus.

Hallo Unternehmer, wo ist deine Verantwortung deinen Mitarbeitern gegenüber?

Ein Unternehmer verfügt wohl über eine Gewisse Intelligenz. Er kann ja nicht dumm sein. Oder wie kam es dazu, dass er sich ein vermeintliches Imperium aufbaute, in dem er glaubt nach Herzenslust schalten und walten zu können?

In dieser Wahnvorstellung vergisst er, was sein wirkliches Kapital ist.

Es sind nicht die Banken als Geldgeber.

Die Mitarbeiter sind es, die ihr wertvollstes Kapital dem Unternehmen zur Verfügung stellen, ihre Arbeitskraft.

Sie tragen Mitverantwortung für das Gelingen des Unternehmens. Sie sind es, die in aufopfernder Weise immer wieder sich dem Unternehmen gegenüber loyal zeigen und nicht selten auf persönliche Bedürfnisse verzichten.

Verzicht auf Familie, Verzicht auf Freizeit, Verzicht auf eine erholsames lebenswertes Miteinander.

Bei allem erwirtschafteten Wohlstand kommt bei vielen dazu, dass sie ihre Dekadenz so richtig provokativ zur Schau stellen durch Anhäufung unsinniger Götzen, wie: „überdimensionale Fahrzeuge, Flugzeuge oder Vermögensanhäufungen im Ausland.

Dies in so extremer Art und Weise, dass die Mitarbeiter sich als kleine unbedeutende Rädchen in dieser Maschinerie vorkommen.
Ist das nicht ein Schlag ins Gesicht? Wie demütigend muss das für den einzelnen Mitarbeiter sein? Er, der Arbeitgeber, baut sich Götzenbilder, an denen er sich orientiert, ja gottähnlich anbetet. Wenn man Luther glauben kann, definiert er dies so: „Als Götze gilt alles, woran des Menschen Herz hängt". Er schafft sich eine eigene Philosophie des Glaubens wobei der Mitarbeiter eine nur untergeordnete Rolle spielt.
Die Erwartung des Mitarbeiters auf Anerkennung seiner Arbeit, absolut fehl am Platze! Uns geht es ja so schlecht, versucht man glauben zu machen. Sprüche: „Seien sie froh, dass sie noch Arbeit haben". Eine kaum bemerkbare aber klare versteckte Drohung, die bei der nächsten Umstrukturierung zum Tragen kommen wird.

Fordernde Mitarbeiter sind unbequem und langfristig nicht gewollt; was sich in der hohen Fluktuationsrate des Unternehmens wiederspiegelt.
Versucht man auf menschlichem Wege Einwände darzulegen, vielleicht auch so ganz beiläufig berechtigte Ansprüche anzumelden, dann kommen meist Floskeln wie: „Wir sitzen doch alle in einem Boot", oder „wir müssen alle an einem Strang ziehen". Aber was bedeuten diese vermeintlich vertrauensfördernden Übermittlungen? Doch nichts anderes, als dass in der Endkonsequenz auf verlogenem Wege versucht wird, dem Mitarbeiter klarzumachen, wer hier das Sagen hat und nur das geschieht was Einer will; nämlich der Arbeitgeber.

Dieser jene bestimmt in welche Richtung gezogen wird und wer sich in diesem Boot zu breit macht, auffällig verhält, geht ganz einfach über Bord.

Die Konsequenzen aus dieser Entscheidung sind die, dass eine produktive Teamarbeit nicht gewünscht ist.
Denn man müsste vielleicht von der eigenen starren Haltung und sehr hoch angesiedelten Hierarchie abweichen.
Im Ergebnis:“ Nichts geschieht, was ich nicht will oder es geschieht n u r das was **I c h** will“; und wer sich dem nicht fügt, muss gehen.
Wie armselig ist doch diese Führungsstrategie, aus purer Angst um das eigene I C H und um den Verlust seiner Götzen.
Diese Ängste machen unberechenbar und rufen nicht selten blinde Zerstörungswut hervor; und nicht zuletzt der Verlust eigener Persönlichkeit. Verzweiflung und Selbstaufgabe. Absturz unter Mitreißen von wertvollem Kapital, der Mitarbeiter und deren Arbeitskraft und die daraus folgenden Tragödien und familiären Schicksalsschlägen.
Da werden ein oder zweimal im Jahr Feste gegeben, bei denen aber der Chef die Marschrichtung vorgibt und er auch noch davon überzeugt ist, etwas unendlich Tolles vollbracht zu haben.
Das ganze verbunden mit unterhaltsamen Spielen, zur Unterhaltung der übrigen Mitarbeiter. Ganz wie im alten Rom: „ Brot und Spiele“ als Doping für kommende Anforderungen und Erwartungen, die aber in keinem Verhältnis zu dem erbrachten LOB-FESTE stehen.
Hallo Herr Unternehmer! Wo ist Ihre Verantwortung Ihren Mitarbeitern gegenüber?

Ja, Verantwortung- denn Dankbarkeit ist nicht zu erwarten. Wir haben einen Vertrag, den es beiderseits zu erfüllen gilt. Da ist kein Platz für Gefühlsduselei und persönliche Befindlichkeiten.

Aber was hat Verantwortung und ein gewisses Maß an Dankbarkeit mit Gefühlsduselei zu tun?

Richtig, **nichts!**

Das hat etwas mit Charakter, gegenseitigem Respekt und Achtung vor den Mitarbeitern zu tun.

Ein Arbeitgeber, der die gewünschte Unternehmenskultur nicht selbst lebt, kann von seinen Mitarbeiter nur sehr schwer erwarten, dass sie, sie ebenfalls leben.

Dazu gehört eine beiderseitige ausgeprägte unternehmerische als auch persönliche Loyalität.

Diese Selbstverliebtheit, sich nur mit sich selber zu beschäftigen, keine Widersprüche zu dulden und schon gar keine Forderungen zu dulden, kann auf Dauer nicht funktionieren.

Wer seinen Mitarbeitern zu viel gibt, läuft Gefahr etwas zu verlieren.

Wer ihnen hingegen zu wenig gibt, wird am Ende alles verlieren.

Wer sich dies auf die Fahne schreibt, steht bereits vor dem Abgrund.

Wovor er Angst hat, den nächsten Schritt zu machen.

Aber diesen nächsten Schritt macht er bewusst oder unbewusst.

Er bedient sich einer Unternehmensberatung.

Ist das nicht eine eingestandene Unfähigkeit oder will man auf diesem Wege unangenehme Entscheidungen Dritten, dem Unternehmen gegenüber Fremden, überlassen?

Menschen, die in keiner Weise irgendeinen Bezug zum Unternehmen haben. Wenn man sich überlegt, dass Unternehmensberater kein Lehrberuf ist, diese Menschen für mich gescheiterte Existenzen sind, mit vorgefertigten Programmen ein Unternehmen analysieren wollen, nach Schema „F“ abarbeiten, dann kann das nur von Übel sein. Nicht selten vorgekommen, wird ein gut geführtes mittelständiges Unternehmen, wenn auch nicht immer zu befriedigenden Bedingungen, in sehr kurzer Zeit abgewickelt und in den Ruin getrieben.

Da fragt man sich, was steckt in Wirklichkeit dahinter?

Hallo! Sie selbstverliebter Unternehmer, hätten Sie sich weniger mit sich selbst beschäftigt, die Zeichen der Zeit erkannt, Unzufriedenheit und mangelnder Identifizierung entgegengewirkt, dann hätten Sie das mit allergrößter Wahrscheinlichkeit vermeiden können.

Sie haben doch die Fähigkeit, sonst stünden Sie nicht da wo sie stehen?

Ihre eigenen Bedürfnisse mal hintenan stellen.

Dies hätte von Ihnen aber Opferbereitschaft gefordert; und wer opfert schon gerne von dem, was ihm die Anderen erwirtschaftet haben?

Weniger Dekadenz zeigen und ausleben, dafür mehr Verantwortung, Respekt und Achtung ihren Mitarbeitern gegenüber vorleben.

Das Leiden am Arbeitsplatz und die Ängste um den Selbigen müssten nicht entstehen. Das Schweigen würde gebrochen. Sie hätten konstruktive und motivierte Mitarbeiter.

In diesem Zusammenhang wäre eine angemessene Honorierung ihrer Arbeit mit Sicherheit für sie kein Problem und in die Zukunft schauend eine gewinnbringende Investition.

Der Mitarbeiter erwartet keinen Dank, er ist schon froh, keinen Undank zu ernten. Was er aber auf jeden Fall benötigt ist: “Anerkennung seiner selbst und der geleisteten Arbeit“.
Und dann, lieber Unternehmer, können Sie sich grenzenlos Götzenbilder errichten.
Das entsprechende hebräische Wort „אֱלִיל“ („elil“) hat die Grundbedeutung „nichts“, „nichtig“. Wörtlich gilt gleichfalls: „Alle Götter der Völker sind nichts“. Durch Luthers Bibelübersetzung (1534) wurde das Wort in diesem Sinn bekannt.
Hallo, vom Götzenschein geprägter Unternehmer, fällt dir etwas auf? Du betest, verehrst ein „Nichts“ an und lässt dich von falschen Propheten leiten.
Darum sage ich nur:
„Führungskräfte dienen als Vorbild. Sie müssen die gewünschte Kultur selbst praktizieren und zugleich das Vertrauen vorstrecken, nur so kann es entstehen.“
Wenn ihr dekadentes Verhalten die gewünschte Kultur ist, kann von einem Vertrauensvorschuss nicht die Rede sein; oder ist es gerade das was sie anstreben, diese grenzenlose Dekadenz?
Ein Wohlfühlen nur unter Ihren Gleichen.
Hallo lieber Unternehmer, wie sie sehen, Sie sind ein Nichts ohne ihre Mitarbeiter!! Eines sollten Sie bei ihrer dekadenten Haltung niemals vergessen, das Boot in dem sie sitzen, wird nur durch den Einsatz anderer Kräfte, nicht durch ihre eigene Kraft, fortbewegt, um unversehrt an das rettende Ufer zu gelangen.

Oder anders formuliert: „ Ein Häuptling ohne Indianer kann seine Besitztümer nicht erhalten und schon gar nicht erfolgreich sein.
Der erwirtschaftete Überfluss ist letztendlich nichts wert; und er selber ist ohne eine funktionierende Mannschaft wertlos und überflüssig für die Gesellschaft und dessen Gemeinwohl“.
Mein Resümee für den Erfolg:
Führen auf Augenhöhe, Maßlosigkeit vernichtet. Durch Bescheidenheit kannst du beschämen, durch Beständigkeit bestehen. Führen verändert den Charakter. Gehör findet nicht der Laute, sondern der, der überzeugt. Persönlichkeit ist das, was bleibt, wenn man Ämter, Orden und Titel von einer Person abzieht.
Mensch sein, heißt verantwortlich sein.
Wer glaubt, etwas zu sein, hat aufgehört, etwas zu werden.

„Durch Eintracht wächst das Kleine,
durch Zwietracht zerfällt das Große,
durch Niedertracht das Übrige“.

Wie wahr doch dieser Sinnspruch ist.
Aber wie weit man doch oft von der Umsetzung dessen entfernt ist.
Versteht man überhaupt, was man damit sagen will?
Diese Gedanken mache ich mir, wenn ich mir ein mittelständiges Unternehmen vor Augen halte und erkennen muss, in dem genau dieses nicht praktiziert wird.
Die von diesem Unternehmen ausgehenden Produkte verkörpern diese Erkenntnis, aber im eigenen Umfeld ist man an der Umsetzung sehr weit entfernt.
Dieses Wort „**Eintracht**“ beinhaltet doch so viel Positives wie:
Gemeinsamkeit, Geschlossenheit, Gleichgesinntheit, wir schaffen das, gemeinsame Ziele verfolgen, Probleme gemeinsam bewältigen, keine Schuldzuweisungen; um nur einige Begriffe zu zitieren.
Wie man sieht, nicht nur ein Wort; es birgt viel mehr in sich; was von vielen Menschen nicht verstanden wird oder werden will.
Aber wie sollen die Mitarbeiter dies leben können, wenn nicht einmal die Chefs in der Lage sind, in Eintracht das Unternehmen zu führen und beispielhaft vertrauensbildende Maßnahmen zu praktizieren.
Das Trachten nach Einigkeit, wer hätte das gedacht, dass dies so schwer sein kann.

Dieses trachten nach Einigkeit beinhaltet im weitläufigen Sinne auch die Grundlage für eine funktionierende Teamarbeit.
„ ICH“ ein Tabu, „WIR“ eine Voraussetzung.

An Stelle dessen, wird in diesem Unternehmen mit harten Bandagen gekämpft und unter der Gürtellinie respektlos gehandelt.
Es wird ganz gezielt Zwietracht gesät, um einen Solidarisierungseffekt bereits im Ansatz zu boykottieren.
Dieses entzweien, Unfrieden zu stiften, hat Methode nach dem Zitat:
„Ich liebe den Verrat und hasse den Verräter“.
Da wird einem Emporkömmling eine Krone aufgesetzt, dem es an jeglicher sozialer Kompetenz fehlt; und nicht nur ihm.
An erster Stelle fehlt es demjenigen an dieser sozialen Kompetenz, der diesen Menschen zum Kronprinzen gekürt hat.
Der Prinz merkt es in seiner Selbstverliebtheit gar nicht, dass er nur eine billige, schlechte Kopie ist und auch bleiben wird, so lange sie dienlich ist.
Das Schlimme an dieser Sache ist, dass sich dieser Unternehmer nach außen durch Wohltätigkeiten im Vereinsleben hervortut um Anerkennung zu bekommen und in der Öffentlichkeit wahrgenommen zu werden.
Was für ein armes Licht, ein armseliges Leben, wenn er sich dieser Methoden bedienen muss, Anerkennung zu bekommen innerbetrieblich als auch außerbetrieblich.

In Wahrheit erntet er nur Verachtung, was ihm die Mitarbeiter nur bedingt, wenn überhaupt entgegenbringen.

Denn wer Zwietracht sät, kann keine Eintracht ernten.
Diese Einsaat an Zwietracht ist wie ein Krebsgeschwür, das sich durch den ganzen Körper und Geist unauffällig frisst und immer dann, wenn es nützlich ist, an die Oberfläche gelangt.
Denn Feindseligkeit, Uneinigkeit, Zwist, Zerwürfnis, und Kompetenzgerangel sind der ideale Nährboden für solch abscheuliche Verhaltensweisen.
In einem Unternehmen in dem der Chef dies duldet oder gar vorlebt, kann niemals eine Unternehmenskultur entstehen, in dem das Wort Gemeinsamkeit seine Bedeutung findet.
Es kommt ja noch viel schlimmer!
Die Niedertracht.
Ein altes deutsches Wort für Perfidie. Die Grenzen zwischen Zwietracht und Niedertracht sind sehr verschwommen, kaum erkennbar, sie gehen schleichend ineinander über.
Diese Niedertracht, dieses perfide Verhalten von Personen oder Personengruppen wird genutzt, um beispielsweise in geschäftlichen oder auch privaten Beziehungen in Auseinandersetzungen einen Vorteil zu erlangen.
Das bewusste Erzeugen eines solchen Verhaltens durch entsprechende Maßnahmen und Verhaltensweisen ist dabei oft ein wesentlicher Teil dessen, das kein besonderes Vertrauensverhältnis als Grundlage hat. Die Niedertracht ist eine Art zu denken und zu handeln, die bewusst Böses und Zerwürfnis zum Ziel hat. Gleichwohl wie ihre Vorstufe „die Zwietracht".

Ich frage mich, warum noch nicht ein Aufschrei der Empörung durch dieses Unternehmen geht. Hat man diese Menschen schon den eigenen Willen gebrochen durch die perfide impertinente Art der Verantwortlichen? Oder haben sie bereits resigniert weil sie, egal was sie tun und sagen, kein Gehör finden. Oder dominiert die Freude über diese Würdelosigkeit, einen Arbeitsplatz zu haben; was noch nachvollziehbar wäre.

Arglist, Bösartigkeit, Gemeinheit, Niederträchtigkeit, Rachsucht, Schadenfreude, Schlechtigkeit, Übelwollen, Unverschämtheit, Abscheulichkeit, böser Wille, Bosheit, sind der Nährboden solchen Verhaltens und derer, die dieses Verhalten dulden oder gar selber vorleben.
Kein Wunder, dass gute Mitarbeiter immer wieder nach kurzer Zeit das Unternehmen verlassen. Sie sind nicht bereit diese Verhaltensweisen und Lebensweisen zu akzeptieren. Denn eines wollen diese Mitarbeiter nicht, sich aufgeben. Sie möchten jeden Morgen noch in den Spiegel schauen können. Aber um dies tun zu können bedarf es Charakter, Achtung und Respekt vor seinen Mitmenschen. Aber wer Dekadenz offen zur Schau stellt und auch noch exzessiv lebt, seine Mitarbeiter im Grund als eine unverzichtbare Last ansieht, von dem kann man so etwas nicht erwarten. Was, meine Damen und Herren, haben Sie an dem an den Anfang gesetzten Zitat nicht verstanden?
Sie sollten eines bedenken, wenn ich es einmal biblisch ausdrücken darf:
„Wer Wind säht, wird Sturm ernten“.

Das ABC als Grundlage einer erfolgreichen Personalführung.

A

Ambitionen **haben,**
Anerkennung **genießen;**
Achtung ***anderen gegenüber bewahren;***
Akzeptanz auch **Menschen gegenüber, die anders sind**
Autorität ***ausstrahlen, nicht zu verwechseln mit autoritär sein;***
Anweisungen ***nur dann erteilen, wenn es sinnvoll ist, sie auch umzusetzen und ich auch bereit bin es zu tun;***

B

Bereitschaft **zur Hilfe gegenüber Schwächeren; nicht nur körperlich Schwäche sondern auch Wissensschwache;**

C

Charakter **zeigen; (sofern man welchen besitzt)**

D

Demonstrieren **ja, wenn es um die Geschlossenheit geht,**
E
Egoismus ***ist in einem teamorientiert arbeitenden Unternehmen nicht von Vorteil;***
Entscheidungen treffen ***wenn sie auch manchmal unpopulär sind, das ist immer noch besser, als keine zu treffen;***

F

Fehler **nicht überbewerten, jedoch einsehen und daraus lernen;**

Flexibilität ***Im Berufsleben gilt Flexibilität als eine der wichtigsten Anforderungen, die an Arbeitnehmer gestellt werden. Erworben wird Flexibilität während der Sozialisation, indem der Einzelne lernt, sich unterschiedlichen und sich dynamisch verändernden Verhältnissen des sozialen Umfeldes durch die Übernahme neuer sozialer Rollen anzupassen.***

Gesteigerte Flexibilität, der unablässige Zwang, flexibel reagieren zu müssen, kann allerdings im sozialen wie im kulturellen Kontext Identitätskrisen herbeiführen.

Freude **an dem was man selber tut, aber auch an dem, was andere tun, zeigen;**

G

Glauben **an sich selbst und an Andere nicht verlieren; (denn, das Böse schon geschieht, wenn das Gute nichts tut.)**

Gegenseitiges Vertrauen **ist besser als ständige Kontrolle, denn diese führt letztendlich zur Unselbständigkeit;**

H

Herausforderung **annehmen und daran wachsen;**

Hektik **vermeiden, denn sie verbreitet Unruhe;**

Habgier **zügeln (am besten erst gar nicht aufkommen lassen;)**

I

Individualität **bewahren,**

Ignoranz **meiden; sie erweckt sehr schnell den Eindruck, dass einem Dinge oder Menschen gleichgültig geworden sind;**
Intoleranz und Inakzeptanz sind schlechte Eigenschaften für erfolgreiche Teamarbeit;

J

Jasager **sind Augendiener, bequem zu führen, besitzen keinen Mut zur konstruktiven Kritik;**

…. und es fehlt ihnen an Führungsqualitäten; sie neigen zu überzogenem Sicherheitsbedürfnis

K

Kreativität **(zu lateinisch Curare: erschaffen), die Fähigkeit, Neues zu erfinden, Bekanntes in einen neuen Zusammenhang zu stellen oder von hergebrachten Denk- und Verhaltensschemata abzuweichen.**
Kommunikation ***Die*** **Grundlage für Verstehen und Handeln;**
konstruktive Kritik **ist der Antrieb um etwas zu verändern;**
Klassifizierung **ein geläufiger Begriff in der freien Wirtschaft;**
unter Kollegen, im persönlichen Bereich sollte er nicht Umgangssprache werden*;*

L

Loyalität **ist gut und notwendig, ein sehr weiter Begriff, aber es wäre falsch verstandene Loyalität, wenn sie sich zur Einbahnstraße entpuppt;**
lernbereit **sein,**

Lebensfreude **verbreiten;**

M

Menschlichkeit **bewahren;**
Mitmenschen **akzeptieren, auch wenn sie anders sind als man selbst;**
Mut **Veränderungen anzustreben;**

N

Niveau **bewahren, selbst dann, wenn es schwer fällt oder auch nicht immer angebracht ist;**
Nicht ernst nehmen **eine fatale Fehleinschätzung der Situation, das Gegenüber wird dadurch immer überhand gewinnen;**

O

Objektivität **und** *Offenheit* **Die Basis für ein vernünftiges Miteinander;**
Organisation/Ordnung ***und dies am Arbeitsplatz erleichtert die Arbeitsabläufe ungemein;***

P

Prinzipien **nützen nur wenn sie nützen;**
Persönlichkeit **ausstrahlen;**
Personifizierung **Geübte Kritik an der Sache hat eine lähmende Wirkung auf das Tun;**
Protest ***ja,*** **wenn er durch fundiertes Wissen und Können untermauert ist;**

Q

Querdenker **sind nicht immer beliebt, aber oft vorausschauend;**

R

Realität **vor dem Scheinbaren nie außer Acht lassen; denn, nichts im Leben ist so wie es scheint;**
Rivalität **schadet nicht nur Andern;**
Respektvoller Umgang **mit seinen Mitmenschen sollte eigentlich eine Selbstverständlichkeit sein;**

S

Soziale Kompetenz

die Fähigkeit einer Person, alle Anforderungen des sozialen und gesellschaftlichen Lebens zu erfüllen. Der Besitz einer hohen sozialen Kompetenz gilt unangefochten als positive soziale Eigenschaft und bringt derjenigen Person, der diese Fähigkeit zugeschrieben wird, innerhalb ihrer sozialen Gruppe und ihres sozialen Raumes hohes soziales Prestige ein. Die soziale Kompetenz äußert sich in einer überdurchschnittlichen Fähigkeit, mit anderen Personen interagieren zu können, d. h. beispielsweise in Konfliktsituationen in befriedigender Weise mit Kunden, mit Untergebenen oder mit anderen Menschen verkehren zu können.

Des Weiteren zeichnen sich Personen mit hoher sozialer Kompetenz durch großes Einfühlungsvermögen aus, durch ein hohes Maß an Verantwortungsbewusstsein, an Fairness, an

Gerechtigkeitsempfinden, an Teamfähigkeit (siehe Teamarbeit) und durch die Fähigkeit, eigene wie fremde Anliegen in eine ansprechende rhetorische Form zu bringen.

Soziale Kompetenz gilt in neuerer Zeit als eine der wichtigsten Voraussetzungen dafür, Führungsaufgaben in

Betrieben übernehmen zu können. Auch wenn in Fortbildungen für Führungskräfte Teilbereiche von sozialer Kompetenz geschult werden, kann soziale Kompetenz nur bedingt gezielt erlernt werden.

Sicherheitsbedürfnis **nicht übertreiben, es demotiviert und ist für einen Neuanfang nur hinderlich;**

T

Teamarbeit **Die daraus resultierenden sozialen Beziehungen innerhalb der Gruppe, wie auch die mit der Teamarbeit verbundene Verantwortlichkeit des Einzelnen gegenüber den Kollegen, fördern die Arbeitszufriedenheit und wirken sich somit positiv auf die Arbeitsmotivation und die Bewältigung der gestellten Aufgaben aus.**

Toleranz **üben;**
ist ein Zeichen von innerer Stärke und Größe;
sie nicht gelten zu lassen, könnte auch als eigene Schwäche ausgelegt werden;

U

Unüberlegtes **niemals tun;**

Unwissenheit **ist keine Schande, denn nur wer nicht fragt, bleibt unwissend;**

unerwartet **ist etwas nur dann, wenn du das Unerwartete nicht mit einplanst;**

V

Vertrauen **die Grundlage für positives Denken und motiviertes handeln;**

Vergeltung **niemals praktizieren, dies würde bestätigen, dass man mit der von der Person geübten Kritik nur schwer oder gar nicht klar kommt;**
Vorausdenken **erspart einem oft Fehlentscheidungen;**

W
Wohlwollen **zeigen, auch wenn es manchmal sehr viel Überwindung kostet;**
Widersprüchlichkeiten **vermeiden;**
widersprechen **ja, dann wenn es angebracht und der Sache dient;**

X *….. maliges* **Fragen muss nichts mit Vergesslichkeit zu tun haben, es kann auch Wissbegierde sein;**

Y ***Y, 25. Buchstabe des deutschen Alphabets und anderer Alphabete, kann von seinem Lautwert her im Deutschen sowohl für die Vokale i und ü als auch für den Konsonanten j stehen und wird fast ausschließlich in Fremdwörtern verwendet.***
Also nehmen wir das

Ü/Y
Übermut **tut selten gut;**
Überlegenheit/überlegen **ist man nur dann, wenn man es dem Gegenüber nicht erkennen lässt;**
Überheblichkeit **macht auf Dauer einsam.**

Z
Zuhören **das „A“ und „O“ für eine zu treffende Entscheidung;**

***Zugehörigkeitsgefühl* wird nur dann vermittelt, wenn man sich einander achtet und ernst nimmt;**

Erich G. Hilgert (Autor)

Am 27.Mai 1944 in Simmern (i. Hunsrück.) geboren.

In ländlicher Umgebung, einem wohlbehüteten Elternhaus aufgewachsen.
Zu dieser Zeit üblich, Besuch einer einklassigen Volksschule.
Gelernter Landwirt.
Aufgabe des landwirtschaftlichen Betriebes 1965.
Anfänglich wechselnde Anstellungen.
Zwischenzeitlich anstatt Bundeswehr in der Ausbildung bei der Bereitschaftspolizei Rhl.Pfl.
Hier quittierte ich nach einem Jahr den Dienst.
Später bei den US-Streitkräften, Nato-Flughafen Hahn im Controlling (Hauptquartier) beschäftigt.
Später dann dort Vorsitzender des freigestellten 11- köpfigen Personalrates.
Permanente Weiterbildung im Arbeits- und Tarifrecht.
Nach vierjähriger Tätigkeit in diesem Gremium zur damaligen Gewerkschaft ÖTV, unter dem Vorsitz von Heinz Klunker, gewechselt.
Dort als Gewerkschaftssekretär etwas länger als 10 Jahre beschäftigt.
Diese Anstellung, wie auch alle vorausgegangenen Anstellungen beendete ich auf eigenen Wunsch; da ich für mich keine interessanten Herausforderungen sah.
Nun folgte der Weg in die freie Wirtschaft als Personalchef.
Diese Position begleitete ich bis zum Ausscheiden aus dem Berufsleben.
Die dort als auch vorausgegangenen gemachten Erfahrungen arbeitete ich dann in diesem Buch auf.
Oft erschütternde Erfahrungen.

Wie herabwürdigend, respektlos und verachtend man mit Menschen, Untergebenen umsprang.